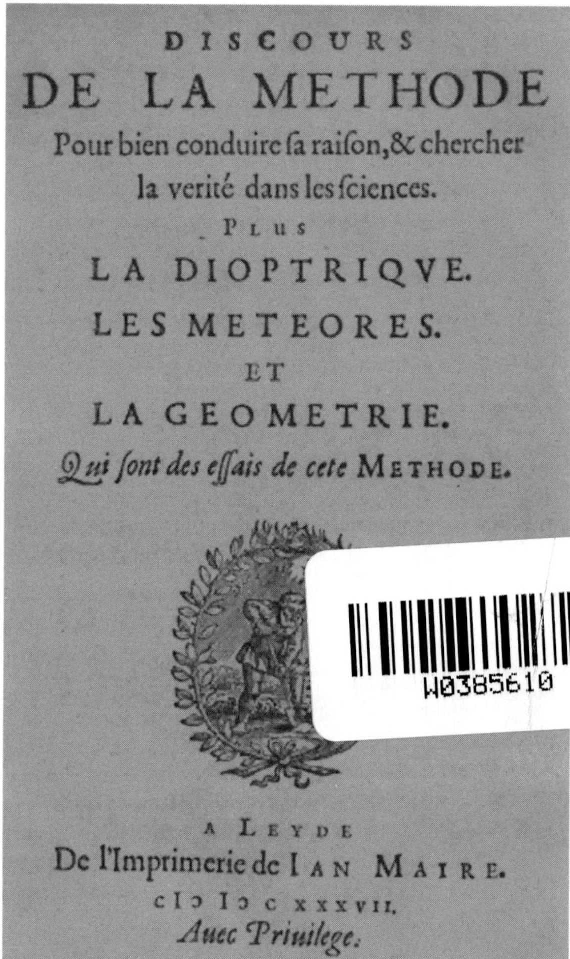

DISCOURS
DE LA METHODE
Pour bien conduire ſa raiſon, & chercher
la verité dans les ſciences.
PLUS
LA DIOPTRIQVE.
LES METEORES.
ET
LA GEOMETRIE.
Qui ſont des eſſais de cete METHODE.

A LEYDE
De l'Imprimerie de IAN MAIRE.
cIↃ IↃ c XXXVII.
Auec Priuilege.

Ce *classique Kangourou* (n° 1) contient des extraits de *La géométrie* de Descartes, ouvrage donné "en PLUS" de son *Discours de la Méthode*.

Textes choisis, présentés et commentés par André DELEDICQ

ISBN : 978-2-87694-161-8

DESCARTES & *La Géométrie*

L'ouvrage le plus connu de Descartes est le *Discours de la Méthode*, achevé d'imprimer à Leyde le 8 juin 1637. Le monde entier s'est accordé et s'accorde toujours à y reconnaître un texte philosophique très important, énonçant avec précision, intelligence et panache, les règles d'une pensée efficace. (Nous en rappelons quelques paragraphes, pages 8 et 9.)
Cependant le moins important de cette œuvre majeure n'est peut être pas ce que Descartes décida d'y placer en appendice : des applications pratiques de sa *Méthode* dans les domaines scientifique et mathématique. Trois "essais" y sont développés : la *Dioptrique*, les *Météores* et la *Géométrie*.

La *Géométrie* est devenue une référence mathématique fondamentale… En effet, Descartes y explique au moins deux innovations que la postérité lui reconnaîtra :
— en premier lieu, l'utilisation systématique de deux coordonnées (notées par lui x et y) pour repérer les points d'une courbe et pour en étudier les propriétés géométriques. Avec lui, naît la *géométrie* dite analytique, qui traduit les figures et leurs propriétés par des relations entre les coordonnées de leurs points, et qui remplace les raisonnements géométriques par des calculs algébriques.
— en deuxième lieu, l'étude des lignes courbes, en particulier la classification des courbes selon le degré de leur équation ; mais surtout la détermination de leur tangente par le calcul, problème qui occupera tous les mathématiciens du XVIIe siècle jusqu'à Newton (1642-1727) et Leibniz (1646-1716).
D'autre part, après les progrès décisifs du siècle précédent concernant les équations et le traitement des expressions algébriques, Descartes précise l'écriture et les manipulations utiles de cette nouvelle manière de calculer. C'est de lui, par exemple, que vient notre habitude de nommer les inconnues par les dernières lettres de l'alphabet (x, y, z,…) et les données par les premières (a, b, c,…).

SOMMAIRE

p 2 **DESCARTES & La Géométrie**
p 4 **Courte biographie de DESCARTES**
p 6 **Descartes au collège de la Flèche**
p 8 **"Je pense donc je suis"**
p 10 **Guide de lecture**

LES OPÉRATIONS ARITHMÉTIQUES ET LA GÉOMÉTRIE
p 11 Commentaires
p 14 Extrait 1 - Livre 1 (p. 297 à 304)

UN PROBLÈME DE PAPPUS
p 18 Commentaires
p 21 Extrait 2 - Livre 1 (p. 306 à 313)

LES COORDONNÉES CARTÉSIENNES
p 25 Commentaires
p 28 Extrait 3 - Livre 2 (p. 315 à 323)
p 32 Reproduction des pages 319 à 322 de l'édition originale

LE PROBLÈME DES TANGENTES
p 36 Commentaires
p 40 Extrait 4 - Livre 2 (p. 341 à 351)

LES OVALES DE DESCARTES
p 44 Commentaires
p 46 Extrait 5 - Livre 2 (p. 352 à 357)

LE CALCUL ALGÉBRIQUE
p 49 Commentaires
p 53 Extrait 6 - Livre 3 (p. 369 à 413)

Extraits des autres *Essais* de la *Méthode*
p 60 Commentaires
p 61 Des images qui se forment sur le fond de l'œil
p 62 De l'arc-en-ciel
p 64 De la réfraction

Les pages de l'ouvrage de Descartes, indiquées dans ce « classique Kangourou », sont celles de la première édition du *Discours de la Méthode*, dont nous avons reproduit la couverture, en première page.

Courte biographie de **René Descartes**

Descartes est né le 31 mars 1596 à La Haye dans le sud de la Touraine (aujourd'hui rebaptisée "Descartes") ; il est mort au palais royal de Stockholm en Suède le 11 février 1650.

Tout jeune, son père, conseiller au parlement de Bretagne, l'appelle « son petit philosophe », car René ne cesse de poser des questions parfois embarrassantes, souvent perspicaces.

De 1607 à 1614 : Descartes est élève du collège royal Henri-le-Grand à La Flèche, établissement tenu par les jésuites. Il y rencontre Marin Mersenne, qui restera son ami et avec lequel il correspondra toute sa vie.

1616 : il obtient son baccalauréat et sa licence de droit à l'université de Poitiers. Après ses études, il part à Paris où, *heureux d'y vivre caché*, il étudie le *grand livre du monde.*

1618 : il s'engage à l'école de guerre de Maurice de Nassau, prince d'Orange, à Breda en Hollande. Il occupe ses heures de garde à résoudre les problèmes mathématiques que lui pose son ami Isaac Beeckman et à étudier des phénomènes physiques (en particulier, il écrit son *Compendium Musicae*). En 1619, il voyage au Danemark, puis en Bavière, où il s'engage dans l'armée du duc Maximilien.

Le 10 novembre 1619, à Neubourg sur le Danube, il fait trois rêves qui fixent sa vocation de penseur scientifique : « *rempli d'enthousiasme, je trouvai le fondement d'une science admirable…* », écrit-il plus tard.

1620-1622 : il voyage en Allemagne et en Hollande, puis revient en France. Il écrit *Cogitationes Privatae* et *De Solidorum elementis*.

1622 - 1629 : il écrit les *Règles pour la direction de l'esprit.*

De 1629 à 1633, il s'installe dans les Provinces-Unies de Hollande où il écrit les *Météores* et la *Dioptrique* puis *L'Homme et le Monde* qu'il renonce à publier en apprenant que Galilée a été condamné.

1637 : parution du *Discours de la méthode* suivi de ses *Essais* : la *Dioptrique,* les *Météores* et la *Géométrie.*

1641 : parution des *Méditations métaphysiques.*

1644 : parution des *Principes de la philosophie.*

1649 : parution du *Traité des Passions de l'âme.*

1650 : Descartes, invité dans le palais royal de Stockholm par la reine Christine de Suède, y subit les rigueurs de l'hiver nordique et meurt d'une pneumonie.

Épitaphe de Descartes à la Chapelle Saint-Benoît, dans l'église Saint-Germain-des-Prés, à Paris :

« À la mémoire de René Descartes, découvreur estimé de vérités profondes et doué d'un extraordinaire talent d'analyse, le premier qui, depuis la renaissance des "Belles Lettres" en Europe, a revendiqué et assuré les droits de la raison humaine dans le respect de la foi chrétienne, faisant ainsi jaillir la vérité comme personne ne l'avait montrée avant lui. »

Descartes à la cour de la reine Christine de Suède.

DESCARTES AU COLLÈGE DE LA FLÈCHE

Une anecdote qu'aurait pu nous conter le jeune René Descartes.

Je n'ai pas connu ma mère, Jeanne Brochard, qui me mit au monde au printemps 1596. Elle mourut en effet l'année suivante en donnant naissance à mon troisième frère.

Mon père, Joachim Descartes, quitta alors la Touraine, pour s'installer, près de Nantes, à Sucé sur Erdre. Là, il se remaria avec Anne Morin, fille du premier président du Parlement de Bretagne, qui me donna un petit frère avec lequel j'aimais bien jouer dans les marais du château de Chavagne.

Après m'avoir entouré des meilleurs précepteurs, mon père voulut que je parfasse mon éducation dans un vrai Collège de Jésuites. Et un matin de l'automne qui suivit mes 11 ans, nous partîmes de très bonne heure, pour arriver au collège de La Flèche à la nuit tombée.

Je connaissais la réputation de ce collège et je n'étais pas très rassuré. On disait que la discipline y était sévère et que son directeur, le père Charlet, menait la vie dure aux élèves. Oh ! Je ne craignais pas d'avoir des difficultés en mathématiques : je me savais déjà très en avance sur mes camarades et je résolvais tout seul de très jolis petits problèmes par des méthodes souvent personnelles.

Ce qui me souciait, c'est que la présence des élèves était exigée dès 6 heures du matin ; et il fallait alors travailler 4 heures sans interruption. Or j'avais pris l'habitude de me coucher tard, de réfléchir une bonne partie de la nuit et de ne m'endormir qu'au petit matin…

J'avais donc souvent l'air de somnoler sur mon pupitre, mais il suffisait de me proposer une question un peu difficile pour m'animer et y répondre avec, m'a-t-on rapporté, une grande intelligence.

Par exemple, un jour, à la fin du cours, le professeur nous rappela que l'aire d'un rectangle de côtés a et b valait le produit $a \times b$… Tout d'un coup, je trouvais curieux, et remarquable à la fois, qu'un nombre, comme 6 par exemple, puisse mesurer aussi bien une longueur qu'une surface ; je relevai la tête et demandai à poser une question : « Mais, Monsieur, si je dessine deux segments de longueur a et b, et un segment de longueur unité, ne puis-je pas, simplement, dessiner un segment de longueur égale au résultat de la multiplication $a \times b$? »

« Normalement, répondit le professeur, un produit mesure une surface à deux dimensions et non un segment à une dimension. Votre question, René, est curieuse,… comme beaucoup de vos pensées, d'ailleurs,… nous aurons le temps, demain, de voir comment il faut s'y prendre pour répondre à votre interrogation. »
Le lendemain matin, je saluai mon professeur et demandai fièrement à lui montrer ce que j'avais trouvé :
Je trace, sur une droite un segment [OA], de longueur *a*, et sur une droite sécante, le segment unité [OU] et un segment [OB] de longueur *b*.
Je trace alors la droite parallèle à (UA) passant par B.
Elle recoupe (OA) en C.
On a bien OC = $a \times b$.

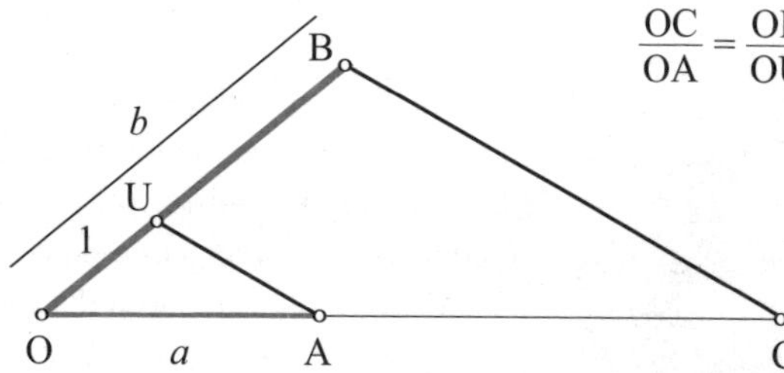

$$\frac{OC}{OA} = \frac{OB}{OU}$$

« C'est incroyable, René, s'étonna le professeur, comme vous comprenez, tout seul, les liens magnifiques que tissent les opérations arithmétiques avec la géométrie. Il n'est pas utile désormais que vous suiviez mes cours dès potron-minet, … et je ne voudrais pas vous priver du plaisir de faire des mathématiques et de raisonner toute la nuit… Dorénavant, vous avez la permission de dormir dans votre lit et de ne venir qu'en dernière partie de mes cours. Vous nous y ferez connaître le fruit de vos réflexions nocturnes ! »
Je n'en crus pas d'abord mes oreilles : « Merci, Monsieur le Professeur, dis-je avec un sourire que j'eus du mal à cacher, croyez que mon corps et mon esprit vous en seront reconnaissants… »
Et c'est ainsi que je pus dormir, tous les jours, aussi tard que je le voulais, au sévère Collège de Jésuites de La Flèche !

Pour ce qui est de la réalité de cette histoire, rappelons ce que disait Denis Diderot au sujet de *Jacques le Fataliste et son Maître* :
« Celui qui prendrait ce que j'écris pour la vérité serait peut-être moins dans l'erreur que celui qui la prendrait pour une fable. ».

Je pense donc je suis !

Pour les lecteurs qui voudraient se remémorer quelques "bonnes" pages du *Discours de la méthode* (dont *La géométrie* est un des "essais" développés par Descartes), voici deux extraits.

Le bon sens est la chose du monde la mieux partagée…

(première phrase du *Discours de la Méthode*)

Le premier principe

Parce qu'alors je désirais vaquer seulement à la recherche de la vérité, je pensais qu'il fallait que je rejetasse comme absolument faux tout ce en quoi je pourrais imaginer le moindre doute, afin de voir s'il ne resterait point quelque chose qui fut entièrement indubitable. […] Mais aussitôt après je pris garde que, pendant que je voulais ainsi penser que tout était faux, il fallait nécessairement que moi qui le pensais fusse quelque chose ; et remarquant que cette vérité, *je pense, donc je suis*, était si ferme et si assurée, que toutes les plus extravagantes suppositions des sceptiques n'étaient pas capables de l'ébranler, je jugeai que je pouvais la recevoir sans scrupule pour le premier principe de la philosophie que je cherchais.

(extrait de la quatrième partie du *Discours de la Méthode*)

Les quatre préceptes

… Au lieu de ce grand nombre de préceptes dont la logique est composée, je crus que j'aurais assez des quatre suivants, pourvu que je prisse une ferme et constante résolution de ne manquer pas une seule fois à les observer.

Le premier était de **ne recevoir jamais aucune chose pour vraie que je ne la connusse évidemment être telle** ; c'est-à-dire, d'éviter soigneusement la précipitation et la prévention, et de ne comprendre rien de plus en mes jugements que ce qui se présenterait si clairement et si distinctement à mon esprit, que je n'eusse aucune occasion de le mettre en doute.

Le second, de **diviser chacune des difficultés que j'examinerais, en autant de parcelles qu'il se pourrait, et qu'il serait requis pour les mieux résoudre.**

Le troisième, de **conduire par ordre mes pensées, en commençant par les objets les plus simples et les plus aisés à connaître, pour monter peu à peu comme par degrés jusqu'à la connaissance des plus composés** […].

Et le dernier, de **faire partout des dénombrements si entiers et des revues si générales, que je fusse assuré de ne rien omettre.**

Ces longues chaînes de raisons, toutes simples et faciles, dont les géomètres ont coutume de se servir pour parvenir à leurs plus difficiles démonstrations, m'avaient donné occasion de m'imaginer que toutes les choses qui peuvent tomber sous la connaissance des hommes s'entresuivent en même façon, et que, pourvu seulement qu'on s'abstienne d'en recevoir aucune pour vraie qui ne le soit, et qu'on garde toujours l'ordre qu'il faut pour les déduire les unes des autres, il n'y en peut avoir de si éloignées auxquelles enfin on ne parvienne, ni de si cachées qu'on ne découvre. Et je ne fus pas beaucoup en peine de chercher par lesquelles il était besoin de commencer : car je savais déjà que c'était par les plus simples et les plus aisées à connaître…

(début de la deuxième partie du *Discours de la Méthode*)

Guide de lecture

En mathématiques, chacun connaît d'abord de l'œuvre de Descartes son « invention » des coordonnées « cartésiennes ».

Le lecteur impatient qui voudrait sans tarder lire Descartes, sur une reproduction de l'édition originale, trouvera le passage correspondant aux pages 33 à 35.

Il y verra d'une part que le français de l'époque n'est pas toujours très facile à lire (c'est pourquoi, les extraits que nous donnons ont été raisonnablement modernisés), d'autre part qu'il est certainement préférable de commencer la lecture par le début du premier livre (extrait 1).

Chaque extrait est précédé d'un commentaire général, suivi, sous le titre *aides à la lecture*, de notes précisant le contexte ou le vocabulaire de l'époque et, lorsque cela a paru nécessaire, d'une reformulation en termes modernes de ce que Descartes a écrit.

La numérotation des lignes facilite l'étude collective des textes et la lecture parallèle de leur commentaires.

Les extraits 1 (*Les opérations arithmétiques et la géométrie*) et 6 (*Quelques règles et applications du calcul algébrique*) sont d'une lecture assez simple.

Les lecteurs, particulièrement intéressés par le sujet traité ou plus avancés, liront avec intérêt :

- sur les « coordonnées cartésiennes, l'extrait 3, et l'extrait 2 (énonçant et traitant le problème de Pappus, problème qui a nourri les réflexions de Descartes),
- sur le problème des tangentes, l'extrait 4,
- sur la forme des lentilles optiques, l'extrait 5.

Je pense donc je suis !

Bien évidemment, Descartes est connu de tous pour son *Discours de la méthode* et les trois mots latins qui l'immortalise : *cogito ergo sum*.

Pour permettre au lecteur de se remettre en mémoire le contexte de La Géométrie, nous avons rappelé quelques célèbres paragraphes de ce Discours (pages 8 et 9) ; et nous avons donné (en fin d'ouvrage) quelques pages connues de la *Dioptrique* et des *Météores* « *qui sont, comme* La Géométrie, *des essais de cette méthode* ».

Extraire, des trois livres de la *Géométrie* de Descartes, une « substantifique moelle » réduite au format de ce petit ouvrage, fut une gageure dont le lecteur jugera la pertinence avec, je l'espère, indulgence et sympathie.

Peut-être se décidera-t-il à approfondir sa culture en consultant, sur papier ou sur internet, l'intégralité du texte de Descartes. Grâce aux numéros de pages, signalés dans la table des matières et dans les marges de chaque extrait, il pourra ainsi les replacer et les apprécier dans leur écrin original. Les numéros de pages indiqués sont ceux de la première édition du *Discours de la Méthode*, dont nous avons reproduit la couverture en première page de ce « classique Kangourou ».

Les opérations arithmétiques et la géométrie

Tous les problèmes de la géométrie peuvent se réduire à des calculs sur des nombres.

Tel est le sens de La *Géométrie* de Descartes et, singulièrement, de sa première phrase, que nous avons reproduite à partir de l'édition originale (page 14, lg 1 à 5). La phrase exacte est un peu alambiquée pour nous, même si un léger effort d'analyse suffit à la comprendre :

Tous les Problèmes de Géométrie se peuvent facilement réduire à tels termes, qu'il n'est besoin par après que de connaître la longueur de quelques lignes droites, pour les construire.

Descartes fonde là ce que l'on appellera, plus tard, la *géométrie analytique* ; à cela près qu'il ne parle que de « longueur de segments » alors que nos « coordonnées » peuvent être aujourd'hui aussi bien négatives que positives.

Cependant, on assiste ici, en ce début du XVIIe siècle, à un bouleversement essentiel : les mathématiques étaient, jusque-là, surtout géométriques et euclidiennes ; avec Descartes, elles s'affirment calculatoires.

Et c'est pourquoi le début du livre premier de la Géométrie est tout à fait surprenant pour les lecteurs du XVIIe siècle.

En effet, lorsqu'ils voulaient apprendre des mathématiques, les contemporains de Descartes lisaient les *Éléments* d'Euclide, dont les éditions successives, commentées ou adaptées, en faisait l'un des livres les plus imprimés de l'époque.

Or, dans les *Éléments* d'Euclide, un segment représente une longueur, un rectangle représente un produit de deux nombres, et un volume représente un produit de trois nombres. Descartes a eu, tout simplement, "le culot" de rompre avec des habitudes consacrées par deux mille ans d'efficacité et d'histoire.

> Par exemple, si on se donne un segment de longueur 2 et un segment de longueur 3, il est naturel (et facile) de construire un rectangle d'aire 2 x 3.
>
> Mais comment tracer un segment de longueur 2 x 3 ?
>
> Sans aucun complexe, Descartes rappelle simplement comment le produit, ou le quotient, de deux nombres (associés à des longueurs de segments) peut être représenté lui aussi par un seul segment. Cela paraît élémentaire, mais la mesure des

choses n'est pas une notion aussi évidente qu'on pourrait le penser : ainsi écrit-on, avec justesse, l'égalité 7,3 cm = 73 mm bien que, évidemment, les nombres 7,3 et 73 soient différents ; cependant, il est important de pouvoir dire que la mesure d'un certain segment est le nombre 7,3 (en sous-entendant l'unité de mesure). Car on peut alors faire, sur les nombres, des calculs et des mises en équations qu'il est malcommode de faire sur des longueurs avec des unités explicites.

Aides à la lecture (pages 14 à 17)

Les premières pages de *La Géométrie* concerne la construction de segments dont les longueurs sont des résultats de calculs.

lg 25 à 30 : construction d'un segment de longueur égale au produit de deux nombres.

lg 32 à 33 : construction d'un segment de longueur égale au quotient de deux nombres.

Ces deux constructions sont une simple application du classique théorème de Thalès.

lg 35 à 44 : construction d'un segment de longueur égale à la racine carrée d'un nombre.

Il s'agit là de la construction bien connue de la « moyenne géométrique », c'est-à-dire d'une longueur m telle que $m^2 = ab$.

En effet, dans le triangle rectangle HIF, on a bien $IG^2 = GF.GH$; cette relation, écrite $IG/GF = GH/IG$ ne fait que traduire la similitude des triangles IGF et HGI (car ils ont les mêmes angles que le triangle HIF).

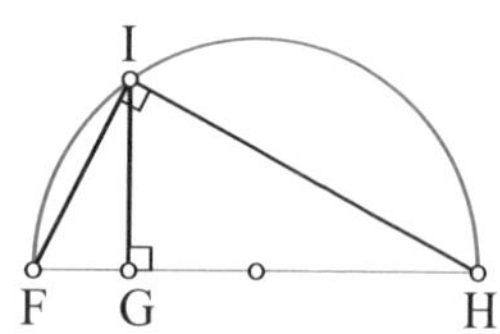

La méthode générale de Descartes est alors clairement exposée…

lg 53 à 62 : « *…donner des noms à toutes les lignes qui semblent nécessaires, … , trouver moyen d'exprimer une même quantité en deux façons, ce qui donne une équation, … , trouver autant de telles équations qu'on a supposé de lignes qui étaient inconnues.* »

Le problème que se pose ensuite Descartes est de représenter par un segment les solutions d'une équation ; et, en particulier, les solutions d'une équation du second degré, c'est-à-dire d'un problème à deux dimensions, appelé aussi « plan » (lg 65 à 70).

La solution géométrique qu'il donne distingue trois cas :

lg 75 à 85 : le cas $z^2 = az + b^2$, dont la racine positive est donnée par la longueur OM.
En effet, il s'agit de construire un segment de longueur $\frac{a}{2} + \sqrt{\frac{aa}{4} + bb}$.

On a sur la figure :
OM = ON + NM,
avec ON = $a/2$ et NM hypoténuse d'un triangle rectangle de côtés $a/2$ et b (NL et LM).

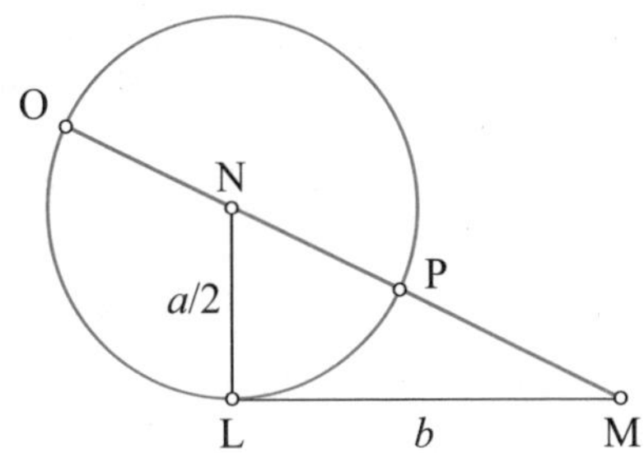

lg 86 à 89 : le cas $z^2 = -az + b^2$, dont la racine positive est donnée par la longueur PM sur la même figure.
En effet, il s'agit de construire un segment de longueur

$$-\frac{a}{2} + \sqrt{\frac{aa}{4} + bb} \;;$$

Et on a sur la figure : PM = NM – NP, avec NP = $a/2$ et NM hypoténuse du triangle rectangle de côtés $a/2$ et b (NL et LM)

lg 90 à 97 : le cas $z^2 = az - b^2$, dont les deux racines positives sont données, quand elles existent, par les longueurs MQ et MR.
En effet, il s'agit de construire 2 segments de longueur

$$\frac{a}{2} + \sqrt{\frac{aa}{4} - bb} \text{ et } \frac{a}{2} - \sqrt{\frac{aa}{4} - bb}.$$

On a sur la figure : LN = a/2 et LM = b, de sorte que la perpendiculaire en M à LM coupe le cercle (de centre N) lorsque $a/2 > b$, c'est-à-dire lorsque $aa/4 > bb$, c'est-à-dire lorsque l'équation a deux racines.
Alors, I étant le milieu de QR, on a MQ = MI – IQ et MR = MI + IR ; avec MI = NL = $a/2$ et IQ (resp. IR) étant un côté de triangle rectangle d'hypoténuse NQ (resp. NR), égal à $a/2$, et d'autre côté NI (égal à LM).

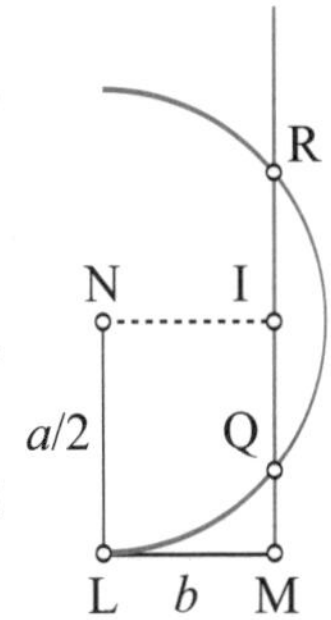

Les opérations arithmétiques et la géométrie

LA

GEOMETRIE.

LIVRE PREMIER.

Des probleſmes qu'on peut conſtruire ſans y employer que des cercles & des lignes droites.

TOus les Probleſmes de Geometrie ſe peuuent facilement reduire a tels termes, qu'il n'eſt beſoin par aprés que de connoiſtre la longeur de quelques lignes droites, pour les conſtruire.

Comment le calcul d'Arithmétique se rapporte aux opérations de Géométrie P. 29

Et comme toute l'Arithmétique n'est composée, que de quatre ou cinq opérations, qui sont l'Addition, la Soustraction, la Multiplication, la Division, et l'Extraction des racines, qu'on peut prendre pour une espèce de Division : Ainsi n'a-t-on autre chose à faire en Géométrie touchant les lignes qu'on cherche, pour les préparer à être connues, que leur en ajouter d'autres, ou en ôter, ou bien en ayant une, que je nommerai l'unité pour la rapporter d'autant mieux aux nombres, et qui peut ordinairement être prise à discrétion, puis en ayant encore deux autres, en trouver une quatrième, qui soit à l'une de ces deux, comme l'autre est à l'unité, ce qui est le même que la Multiplication ; ou bien en trouver une quatrième qui soit à l'une de ces deux, comme l'unité est à l'autre, ce qui est le même que la Division ; ou enfin trouver une, ou deux, ou plusieurs moyennes proportionnelles entre l'unité, et quelque autre ligne ; ce qui est le même que tirer la racine carrée, ou cubique, etc. P. 29

Et je ne craindrai pas d'introduire ces termes d'Arithmétique en la Géométrie, afin de me rendre plus intelligible.

Comment se font géométriquement la multiplication, la division et l'extraction de la racine carrée

La Multiplication

Soit par exemple AB l'unité, et qu'il faille multiplier BD par BC, je n'ai qu'à joindre les points A et C, puis tirer DE parallèle à CA, et BE est le produit de cette Multiplication.

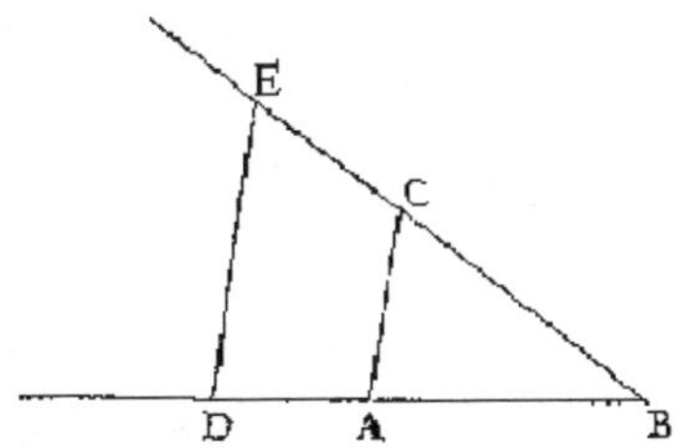

La Division

Ou bien s'il faut diviser BE par BD, ayant joint les points E et D, je tire AC parallèle à DE, et BC est le produit de cette division.

L'extraction de la racine carrée

Ou s'il faut tirer la racine carrée de GH, je lui ajoute en ligne droite FG, qui est l'unité, et divisant FH en deux parties égales au point K, du centre K je tire le cercle FIH, puis élevant du point G une ligne droite jusqu'à I à angles droits sur FH, c'est GI la racine cherchée. Je ne dis rien ici de la racine cubique, ni des autres, à cause que j'en parlerai plus commodément ci-après.

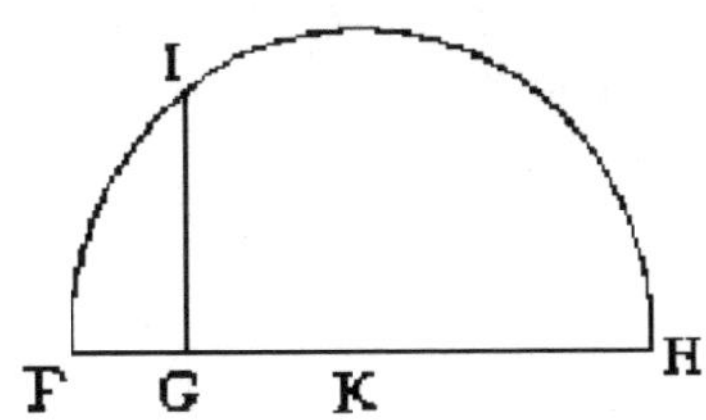

Comment on peut user de chiffres en géométrie

Mais souvent on n'a pas besoin de tracer ainsi ces lignes sur le papier, et il suffit de les désigner par quelques lettres, chacune par une seule. [...]

P. 300 Afin de ne pas manquer à se souvenir des noms de ces lignes, il en faut toujours faire un registre séparé à mesure qu'on les pose ou qu'on les change, écrivant par exemple :

AB = 1, GH = a. BD = b, etc.

Comment il faut venir aux équations qui servent à résoudre les problèmes P. 300

Ainsi, voulant résoudre quelque problème, on doit d'abord le considérer comme déjà fait, et donner des noms à toutes les lignes qui semblent nécessaires pour le construire, aussi bien à celles qui sont inconnues qu'aux autres. Puis, sans considérer aucune différence entre ces lignes connues et inconnues, on doit parcourir la difficulté selon l'ordre qui montre le plus naturellement de tous en quelle sorte elles dépendent mutuellement les unes des autres, jusqu'à ce qu'on ait trouvé moyen d'exprimer une même quantité en deux façons, ce qui se nomme une équation ; car les termes de l'une de ces deux façons sont égaux à ceux de l'autre. Et on doit trouver autant de telles équations qu'on a supposé de lignes qui étaient inconnues. [...]

Quels sont les problèmes plans P. 302

Et que si [le problème] peut être résolu par la géométrie ordinaire, c'est-à-dire en ne se servant que de lignes droites et circulaires tracées sur une superficie plate, lorsque la dernière équation aura été entièrement démêlée, il n'y restera tout au plus qu'un carré inconnu, égal à ce qui se produit de l'addition ou soustraction de sa racine multipliée par quelque quantité connue, et de quelque autre quantité aussi connue.

Comment ils se résolvent

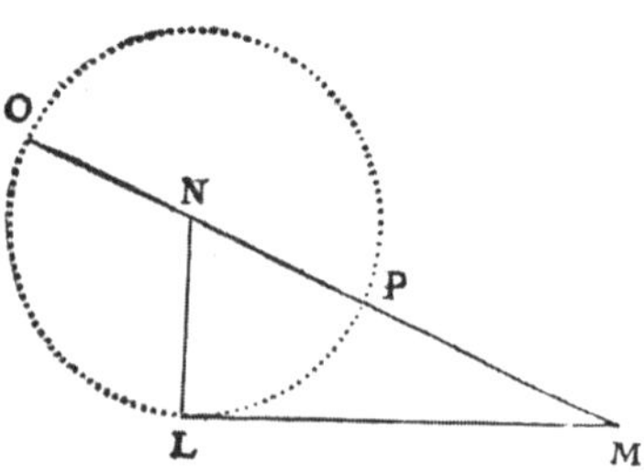

Et lors cette racine, ou ligne inconnue, se trouve aisément ; car si j'ai par exemple $z^2 = az + bb$, je fais le triangle rectangle NLM, dont le côté LM est égal à b, racine carrée de la quantité connue bb, et l'autre LN est (1/2) a, la moitié de l'autre quantité connue qui était multipliée par z, que je suppose être la ligne inconnue ; puis prolongeant MN, la base de ce triangle, jusqu'à O, en sorte que NO soit égale à NL, la ligne entière OM est z, la ligne cherchée ; et elle s'exprime en cette sorte : P. 303

$$z = \frac{1}{2}a + \sqrt{\frac{1}{4}aa + bb}$$

Que si j'ai $yy = -ay + bb$, et que y soit la quantité qu'il faut trouver, je fais le même triangle rectangle NLM, et de sa base MN j'ôte NP égale à NL, et le reste PM est y, la racine cherchée.

De façon que j'ai $y = -\frac{1}{2}a + \sqrt{\frac{1}{4}aa + bb}$ [...]

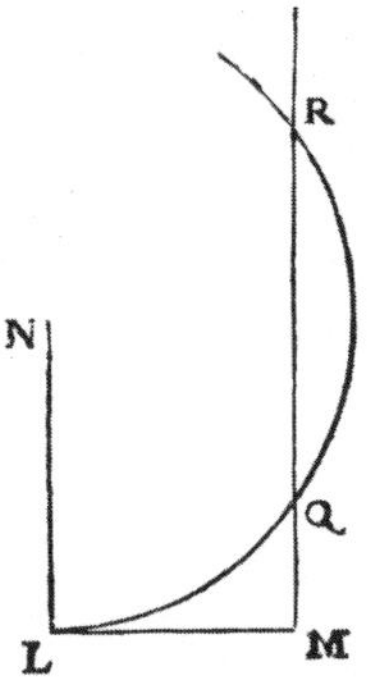

Enfin si j'ai $z^2 = az - bb$, je fais NL égale à $\frac{1}{2}a$, et LM égale à b comme devant, puis, au lieu de joindre les points M N je tire MQR parallèle à LN. et du centre N par L ayant décrit un cercle qui la coupe aux points Q et R, la ligne cherchée z est MQ, ou bien MR, car en ce cas elle s'exprime en deux façons, à savoir

$$z = \frac{1}{2}a + \sqrt{\frac{1}{4}aa - bb} \quad \text{et} \quad z = \frac{1}{2}a - \sqrt{\frac{1}{4}aa - bb}.$$

Et si le cercle, qui ayant son centre au point N, passe par le point L, ne coupe ni ne touche la ligne droite MQR, il n'y a aucune racine en l'équation, de façon qu'on peut assurer que la construction du problème proposé est impossible.

Au reste, ces mêmes racines se peuvent trouver par une infinité d'autres moyens, et j'ai seulement voulu mettre ceux-ci, comme fort simples, afin de faire voir qu'on peut construire tous les problèmes de la géométrie ordinaire sans faire autre chose que le peu qui est compris dans les quatre figures que j'ai expliquées. Ce que je ne crois pas que les anciens aient remarqué ; car autrement ils n'eussent pas pris la peine d'en écrire tant de gros livres où le seul ordre de leurs propositions nous fait connaître qu'ils n'ont point eu la vraie méthode pour les trouver toutes, mais qu'ils ont seulement ramassé celles qu'ils ont rencontrées.

Un problème de Pappus

Pour illustrer sa nouvelle méthode, Descartes exhume un vieux problème (posé par les « anciens » et traité, en particulier, par Pappus d'Alexandrie, dont Federico Commandino venait de rééditer le texte en latin en 1589) :
Il cherche sur quelle courbe se déplace un point C, dont les distances à 4 droites données sont telles que le rapport des distances de C à deux d'entre elles soit égal au rapport des distances de C aux deux autres.

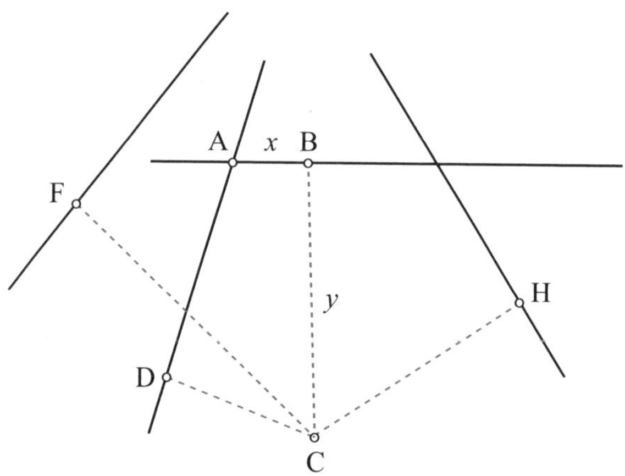

Le problème est un peu artificiel pour un problème de géométrie, où l'on voit le calcul intervenir déjà dans son énoncé.
En tout cas, c'est à cette occasion que Descartes explicite pour la première fois l'idée des coordonnées (que l'on nommera après lui) *cartésiennes.*
Elle consiste à caractériser le point C par deux nombres, *x* et *y*, définis à partir des données : *que le segment de la ligne* AB, *qui est entre les points* A *et* B, *soit nommé x ; et que* BC *soit nommé y.*
Aujourd'hui, nous pouvons interpréter *x* et *y* comme les coordonnées du point C dans un repère d'origine A, dont l'axe des abscisses est (AB) et l'axe des ordonnées parallèle à la direction CB.
Descartes définit ces deux nombres *x* et *y* comme deux distances, mesurées sur une configuration de figure qu'il retrouvera et systématisera au chapitre suivant.

Aides à la lecture (pages 22 à 24)

lg 1 à 14 : En fait, le problème est énoncé par Descartes sous une forme compliquée à souhait par la volonté de généraliser.
Dans cet extrait, nous avons essayé de gommer ces généralisations, en sautant les passages dans lesquels, d'une part, les « distances » de C à chacune des droites peuvent être mesurées parallèlement à des directions quelconques, d'autre part le nombre de droites considérées peut dépasser 4, la relation entre les distances restant exprimée par une égalité de produits.

lg 17 à 26 et lg 39 à 43 : La figure accompagnant l'énoncé du problème de Pappus est faite dans le cas de 4 droites données (AB, AD, EF et GH). On suivra le raisonnement sur la figure de la page 22.
Le point C décrit une courbe qu'il s'agit de déterminer.
Les 4 droites, issues de C et tracées en pointillés sur la figure donnée par Descartes, font chacune un angle donné avec les 4 droites données et restent donc chacune parallèle à une certaine direction ; donc, lorsque le point C varie, tous les triangles de la figure restent semblables à eux-mêmes.

lg 28 à 38 : C'est le passage clef, que nous avons déjà cité.

lg 44 à 67 : C'est cette similitude qui permet à Descartes de mener tout son calcul : les segments sur les côtés de tous ces triangles s'expriment par des relations d'addition et de proportionnalité, définies par la configuration des 4 droites initiales.

Posant AB = x et BC = y, il trouve ainsi, successivement et laborieusement :
(lg 51) $CD = (c/z)\,y + (bc/z^2)\,x$
(lg 62) $CF = (e/z)\,y + (dek/z^2) + (de/z^2)\,x$
(lg 67) $CH = (g/z)\,y + (fgl/z^2) - (fg/z^2)\,x$,
$z, b, c, d, e, f, g, k, l$ étant des constantes données par la position des points A, E, G, R, S, T.
Ainsi, les 4 « distances » CB, CD, CF, CH s'expriment toutes sous la forme $ux + vy + w$, où u, v, w sont des constantes définies par la configuration initiale.
En égalant les rapports de deux telles fonctions du premier degré de x et de y, on obtient donc une égalité du deuxième degré en x et y.

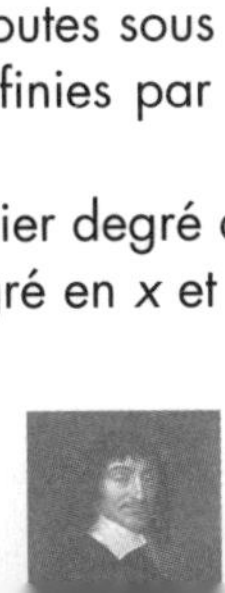

Les coordonnées du point C sont donc liées par une équation du second degré ; et C se déplace donc sur une courbe du second degré, que nous nommons « conique ».
C'est ce qu'explique Descartes (lg 68 à 85) avant de conclure (lg 86 à 102) que *x* est une fonction du second degré de *y* et que, donc, on pourra trouver la quantité *x* avec la règle et le compas.

En résumé, ...

... dans son premier livre, Descartes nous montre la toute puissance du calcul, pour résoudre des problèmes géométriques.

La première idée concerne les segments ; ils sont mesurés par des nombres et les calculs que l'on fait avec eux traduisent des propriétés géométriques.
Par exemple, le parallélisme se traduit par des multiplications et des égalités de produits ou de quotients.

La deuxième idée consiste à essayer de caractériser chaque élément d'une figure par deux nombres : *x* et *y* ; puis à chercher des relations liant ces données, connues ou inconnues jusqu'à résoudre le problème initialement posé.
Plus généralement, il montre comment il est possible de remplacer un point par la donnée de deux nombres ; toute la suite est alors affaire de manipulations algébriques.

Nous verrons, au deuxième livre, comment Descartes systématise cette attitude ; et nous verrons, au troisième livre, comment les propriétés des courbes sont tout simplement liées à leurs équations et, finalement, à l'Algèbre.

Un problème de Pappus

Exemple tiré de Pappus

P. 306 La question donc qui avait été commencée à résoudre par Euclide et poursuivie par Apollonius, sans avoir été achevée par personne, était telle : **Ayant trois ou quatre, ou plus grand nombre de lignes droites données par position ; premièrement on demande un point duquel on puisse tirer autant d'autres lignes droites, une sur chacune des données, qui fassent avec elles des angles donnés, et que le rectangle contenu en deux de celles qui seront ainsi tirées d'un même point, ait la proportion donnée […] avec le rectangle des deux autres, […] ;**

[…] Puis à cause qu'il y a toujours une infinité de divers points qui peuvent P. 307 satisfaire à ce qui est ici demandé, il est aussi requis de connaître et de tracer la ligne dans laquelle ils doivent tous se trouver. Et Pappus dit que […] c'est en une des trois sections coniques ; mais il n'entreprend point de la déterminer ni de la décrire [...]

Ce qui m'a donné occasion d'essayer si, par la méthode dont je me sers, on peut aller aussi loin qu'ils ont été. […]

P. 309 Je pense avoir entièrement satisfait à ce que Pappus nous dit avoir été cherché en ceci par les anciens ; et je tâcherai d'en mettre la démonstration en peu de mots, car il m'ennuie déjà d'en tant écrire.

Soient AB, AD, EF, GH, etc., plusieurs lignes données par position, et qu'il faille trouver un point, comme C, duquel ayant tiré d'autres lignes droites sur les données, comme CB, CD, CF et CH, en sorte que les angles CBA, CDA, P. 310 CFE, CHG, etc., soient donnés, et que ce qui est produit par la multiplication d'une partie de ces lignes soit égal à ce qui est produit par la multiplication des autres, ou bien qu'ils aient quelque autre proportion donnée, car cela ne rend point la question plus difficile.

Comment on doit poser les termes pour venir à l'équation en cet exemple

Premièrement, je suppose la chose comme déjà faite, et pour me démêler de la confusion de toutes ces lignes, je considère l'une des données, et l'une de celles qu'il faut trouver, par exemple AB et CB, comme les principales et auxquelles je tâche de rapporter ainsi toutes les autres. Que le segment de la ligne AB, qui est entre les points A et B, soit nommé x ; et que BC soit nommé y.

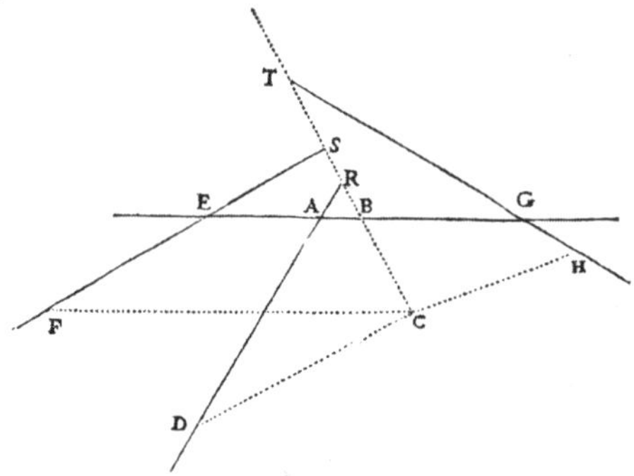

Et que toutes les autres lignes données soient prolongées jusqu'à ce qu'elles coupent ces deux aussi prolongées, s'il est besoin, et si elles ne leur sont point parallèles ; comme vous voyez ici qu'elles coupent la ligne AB aux points A, E, G, et BC aux points R, S, T. Puis à cause que tous les angles du triangle ARB sont donnés, la proportion qui est entre les côtés AB et BR est aussi donnée, et je la pose comme de z à b, de façon que AB étant x, BR sera $\frac{bx}{z}$ et CR sera $y+\frac{bx}{z}$, à cause que le point B tombe entre C et R ; car si R tombait entre C et B, CR serait $y-\frac{bx}{z}$ et si C tombait entre B et R, CR serait $-y+\frac{bx}{z}$.

Tout de même les trois angles du triangle DRC sont donnés, et par conséquent aussi la proportion qui est entre les côtés CR et CD, que je pose comme de z à c, de façon que CR étant $y+\frac{bx}{z}$, CD sera $\frac{cy}{z}+\frac{bcx}{z^2}$. P. 3

Après cela, parce que les lignes AB, AD et EF sont données par position, la distance qui est entre les points A et E est aussi donnée, et si on la nomme k, on aura EB égal à $k+x$; mais ce serait $k-x$ si le point B tombait entre E et A ; et $-k+x$ si E tombait entre A et B.

Et parce que les angles du triangle ESB sont tous donnés, la proportion de BE à BS est aussi donnée, et je la pose comme de z à d, si bien que BS

est $\dfrac{dk+dx}{z}$ et la toute CS est $\dfrac{zy+dk+dx}{z}$ mais ce serait $\dfrac{zy-dk-dx}{z}$ si le point S tombait entre B et C ; et ce serait $\dfrac{-zy+dk+dx}{z}$ si C tombait entre B et S. De plus les trois angles
P. 312 du triangle F S C sont donnés, et ensuite la proportion de CS à CF, qui soit comme de z à e, et la toute CF sera $\dfrac{ezy+dek+dex}{z^2}$.

En même façon AG que je nomme l est donnée, et BG est $l-x$, et à cause du triangle BGT, la proportion de BG à BT est aussi donnée, qui soit comme de z à f, et BT sera $\dfrac{fl-fx}{z}$ et CT = $\dfrac{zy+fl-fx}{z}$.

Puis derechef la proportion de CT à CH est donnée à cause du triangle TCH, et la posant comme de z à g, on aura CH = $\dfrac{gzy+fgl-fgx}{z^2}$.

Et ainsi vous voyez qu'en tel nombre de lignes données par position qu'on puisse avoir, toutes les lignes tirées dessus du point C à angles donnés, suivant la teneur de la question, se peuvent toujours exprimer chacune par trois termes, dont l'un est composé de la quantité inconnue y, multipliée ou divisée par quelque autre connue ; et l'autre de la quantité inconnue x, aussi multipliée ou divisée par quelque autre connue ; et le troisième d'une quantité toute connue ; excepté seulement si elles sont parallèles, ou bien à la ligne AB, auquel cas le terme composé de la quantité x sera nul ; ou bien à la ligne CB, auquel cas celui qui est composé de la quantité y sera nul, ainsi qu'il est trop manifeste pour que je m'arrête à l'expliquer.

Et pour les signes + et – qui se joignent à ces termes, ils peuvent être changés en toutes les façons imaginables.

Puis vous voyez aussi que, multipliant plusieurs de ces lignes l'une par l'autre, les quantités x et y qui se trouvent dans le produit n'y peuvent avoir que chacune autant de dimensions qu'il y a eu de lignes à l'explication desquelles elles servent, qui ont été ainsi multipliées ; en sorte qu'elles n'auront jamais plus de deux dimensions en ce qui ne sera produit que par la multiplication de deux lignes [...].

Comment on trouve que ce problème est plan lorsqu'il n'est point proposé en plus de cinq lignes

De plus, à cause que pour déterminer le point C, il n'y a qu'une seule condition qui soit requise, à savoir que ce qui est produit par la multiplication d'un certain nombre de ces lignes soit égal, ou, ce qui n'est de rien plus malaisé, ait la proportion donnée à ce qui est produit par la multiplication des autres ; on peut prendre à discrétion l'une des deux quantités inconnues x ou y, et chercher l'autre par cette équation, en laquelle il est évident que, lorsque la question n'est point posée en plus de cinq lignes, la quantité x, qui ne sert point à l'expression de la première, peut toujours n'y avoir que deux dimensions ; de façon que, prenant une quantité connue pour y, il ne restera que $x^2 = +$ ou $- ax +$ ou $- b^2$; et ainsi on pourra trouver la quantité x avec la règle et le compas, en la façon tantôt expliquée. Même, prenant successivement infinies diverses grandeurs pour la ligne y, on en trouvera aussi infinies pour la ligne x, et ainsi on aura une infinité de divers points, tels que celui qui est marqué C, par le moyen desquels on décrira la ligne courbe demandée. P. 31.

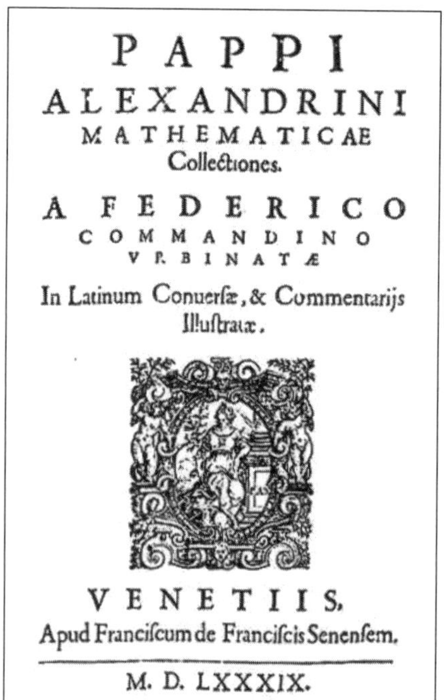
PAPPI
ALEXANDRINI
MATHEMATICAE
Collectiones.
A FEDERICO
COMMANDINO
VRBINATÆ
In Latinum Conuersæ, & Commentarijs
Illustratæ.

VENETIIS.
Apud Franciscum de Franciscis Senensem.
M. D. LXXXIX.

Les coordonnées cartésiennes

C'est dans cet extrait que le lecteur trouvera ce qui peut être considéré comme le texte fondateur des « coordonnées cartésiennes ».
S'il n'est pas explicitement question, chez Descartes, de « couple » de coordonnées, on reconnaît bien cependant le choix d'un axe (qui sera plus tard celui des abscisses), celui d'un point (qui sera plus tard l'origine) sur cet axe, et celui d'une direction (qui sera plus tard celle de l'axe des ordonnées) :
Je choisis une ligne droite, comme AB, *pour rapporter à ces divers points tous ceux de cette ligne courbe* EC, *& en cette ligne* AB *je choisis un point, comme* A, *pour commencer par lui le calcul.*
Je dis que je choisis l'une et l'autre, à cause qu'il est libre de les prendre tels qu'on veut.
À tout point C d'une courbe, Descartes associe alors deux quantités, l'une x et l'autre y (ainsi nommées, par des lettres de la fin de l'alphabet, parce que ce sont des quantités inconnues) :
la quantité y est la distance (égale à CB) de C à une droite donnée (AB) ; cette distance est liée à la position du point B sur cette droite ; et donc à la distance x entre B et un point A de la droite. La relation liant ces deux mesures, x et y, est une équation de cette courbe, sur laquelle on peut effectuer des calculs.

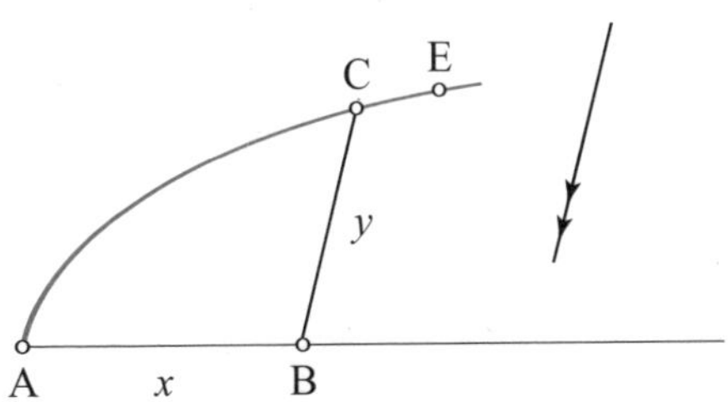

C'est cela la grande idée, mais surtout la grande « méthode » de Descartes : grâce au « rapport » établi entre les nombres x et y caractérisant un certain point d'une courbe (son « équation ») on peut trouver toutes les propriétés des lignes courbes.
Il peut alors remplacer les démonstrations géométriques par des calculs sur les équations de courbes.

Cependant, les courbes considérées par Descartes sont essentiellement des courbes, dites plus tard « algébriques », dont l'équation est une relation polynômiale entre *x* et *y*.
Et c'est pourquoi son livre troisième sera entièrement consacré au calcul sur les polynômes...

Aides à la lecture (pages 28 à 31)

lg 1 à 19 : Au début du livre second, Descartes invite à élargir le champ des *lignes courbes qu'on peut concevoir en Géométrie.*
Ainsi voudrait-il ne pas limiter l'étude des courbes à celles que l'on peut définir à la règle et au compas, ni même à celles que l'on peut tracer par des moyens mécaniques.

lg 25 à 46 : Voulant ouvrir la voie du « calcul géométrique », il propose une sorte d'outil de tracé assez surréaliste, dans lequel on voit glisser des équerres le long de règles articulées.
Les équations des courbes ainsi tracées dépassent vite le deuxième degré (le degré de la géométrie de la règle et du compas avec des cercles et des droites) de sorte qu'il peut écrire avec le brin d'humour qui accompagne parfois ses affirmations :
Mais, parce que j'espère que dorénavant, ceux qui auront l'adresse de se servir du Calcul Géométrique ici proposé, ne trouveront pas assez de quoi s'arrêter touchant les problèmes plans ou solides, je crois qu'il est à propos que je les invite à d'autres recherches, où ils ne manqueront jamais d'exercice...
Descartes montrera plus loin (au début de son troisième livre) comment se servir de cet appareil pour trouver plusieurs moyennes proportionnelles entre deux nombres : en effet, les segments successifs YB, YC, YD, YE,... sont en progression géométrique (le quotient du suivant au précédent est égal au cosinus de l'angle AYB).

lg 51 à 56 : Anticipant sur le repérage d'un point par des mesures bien choisies, Descartes résume « sa méthode » :
Je ne sache rien de meilleur que de dire que tous les points [de la courbe ...] ont nécessairement quelque rapport à tous les points d'une ligne droite, qui peut être exprimée par quelque équation...

lg 56 à 64 : Il esquisse alors un classement des courbes en « genre » selon le degré de leur équation.
Il appelle du "premier genre", les courbes dont l'équation est du second degré, autrement dit celles dont les points sont déterminés par l'intersection de droites ($ax + by + c = 0$) et de cercles ($x^2 + y^2 + dx + ey + f = 0$), que nous appelons aussi des coniques. Entraîné par l'importance des distances (dont les calculs manipulent des carrés), il appelle du deuxième genre les courbes dont l'équation « monte jusqu'au quatrième » degré, puis du troisième genre jusqu'au sixième,... Et ainsi des autres jusqu'à l'infini.

lg 65 à 71 et lg 79 à 95 : L'exemple donné par Descartes pour illustrer son idée principale (énoncée lg 72 à 78) est un peu difficile à suivre ; en voici un résumé, accompagné d'un dessin et dans des termes plus adaptés aux habitudes d'aujourd'hui :

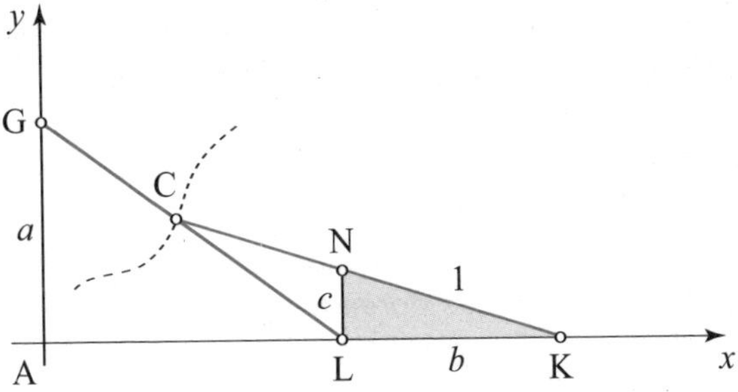

Soit un point fixe G sur Ay (GA = a) et un point L se déplaçant sur Ax.
Le triangle LNK est lié au point L de sorte que LK = b, le point K restant sur Ax, et LN = c, le segment LN étant perpendiculaire à LK.
Quelle courbe décrit le point C, intersection de GL et KN ?
Avec les habitudes d'aujourd'hui, l'équation de la courbe décrite par C est

$$y^2 + \frac{c}{b}xy - (c + a)y + ac = 0 .$$

C'est bien une équation de conique, dont les directions asymptotiques sont $y = 0$ et $by + cx = 0$; il s'agit donc bien d'une hyperbole.

Les coordonnées cartésiennes

LIVRE SECOND.

LA

GEOMETRIE.

LIVRE SECOND.

De la nature des lignes courbes.

P. 31

Quelles sont les lignes courbes qu'on peut recevoir en géométrie

Les anciens ont fort bien remarqué qu'entre les problèmes de géométrie, les uns sont plans, les autres solides et les autres linéaires, c'est-à-dire que les uns peuvent être construits en ne traçant que des lignes droites et des cercles ; au lieu que les autres ne le peuvent être, qu'on n'y emploie pour le moins quelque section conique ; ni enfin les autres, qu'on n'y emploie quelque autre ligne plus composée.

Mais je m'étonne de ce qu'ils n'ont, point outre, cela distingué divers degrés entre ces lignes plus composées, et je ne saurais comprendre pourquoi ils les ont nommées mécaniques plutôt que géométriques. Car de dire que c'ait été à cause qu'il est besoin de se servir de quelque machine pour les décrire, il faudrait rejeter par même raison les cercles et les lignes droites, vu qu'on ne les décrit sur le papier qu'avec un compas et une règle, qu'on peut aussi nommer des machines.

Ce n'est pas non plus à cause que les instruments qui servent à les tracer, étant plus composés que la règle et le compas, ne peuvent être si justes ; car il faudrait pour cette raison les rejeter des mécaniques, où la justesse des ouvrages qui sortent de la main est désirée, plutôt que de la géométrie, où c'est seulement la justesse du raisonnement qu'on recherche, et qui peut sans doute être aussi parfaite touchant ces lignes que touchant les autres.

[…]

Mais parce que j'espère que dorénavant ceux qui auront l'adresse de se ser- P. 31
vir du calcul géométrique ici proposé, ne trouveront pas assez de quoi s'arrêter touchant les problèmes plans ou solides, je crois qu'il est à propos que je les invite à d'autres recherches, où ils ne manqueront jamais d'exercice.

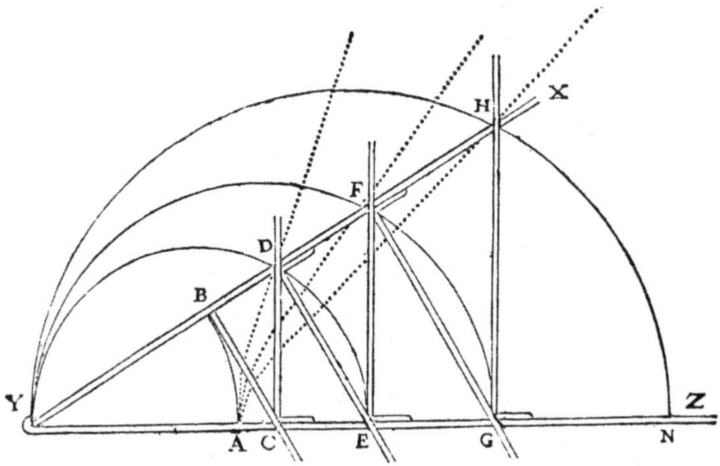

Voyez les lignes AB, AD, AF et semblables, que je suppose avoir été décrites par l'aide de l'instrument YZ, qui est composé de plusieurs règles tellement jointes que celle qui est marquée YZ étant arrêtée sur la ligne AN, on peut ouvrir et fermer l'angle XYZ, et que lorsqu'il est tout fermé, les points B, C, D, E, F, G, H sont tous assemblés au point A ; mais qu'à mesure qu'on l'ouvre, la règle BC, qui est jointe à angles droits avec YX au point B, pousse
318 vers Z la règle CD, qui coule sur YZ en faisant toujours des angles droits avec elle ; et CD pousse DE, qui coule tout de même sur YX en demeurant parallèle à BC ; DE pousse EF, EF pousse FG, celle-ci pousse GH, et on en peut concevoir une infinité d'autres qui se poussent consécutivement en même façon, et dont les unes fassent toujours les mêmes angles avec YX et les autres avec YZ. Or, pendant qu'on ouvre ainsi l'angle XYZ, le point B décrit la ligne AB, qui est un cercle ; et les autres points D, F, H, où se font les intersections des autres règles, décrivent d'autres lignes courbes AD, AF, AH, dont les dernières sont par ordre plus composées que la première, et celle-ci plus que le cercle ; mais je ne vois pas ce qui peut empêcher qu'on ne conçoive aussi nettement et aussi distinctement la description de cette première que du cercle, ou du moins que des sections coniques ; ni ce qui
319 peut empêcher qu'on ne conçoive la seconde, et la troisième, et toutes les autres qu'on peut décrire, aussi bien que la première ; ni par conséquent qu'on ne les reçoive toutes en même façon pour servir aux spéculations de géométrie.

La façon de distinguer toutes ces lignes courbes en certains genres, et de connaître le rapport qu'ont tous leurs points à ceux des lignes droites

Je pourrais mettre ici plusieurs autres moyens pour tracer et concevoir des lignes courbes qui seraient de plus en plus composées par degrés à l'infini ; mais pour comprendre ensemble toutes celles qui sont en la nature, et les distinguer par ordre en certains genres, je ne sache rien de meilleur que de dire que tous les points de celles qu'on peut nommer géométriques, c'est-à-dire qui tombent sous quelque mesure précise et exacte, ont nécessairement quel- P. 32
que rapport à tous les points d'une ligne droite, qui peut être exprimée par quelque équation, en tous par une même ; et que, lorsque cette équation ne monte que jusqu'au rectangle de deux quantités indéterminées, ou bien au carré d'une même, la ligne courbe est du premier et plus simple genre, dans lequel il n'y a que le cercle, la parabole, l'hyperbole et l'ellipse qui soient comprises ; mais que lorsque l'équation monte jusqu'à la troisième ou quatrième dimension des deux, ou de l'une des deux quantités indéterminées (car il en faut deux pour expliquer ici le rapport d'un point à un autre), elle est du second ; et que lorsque l'équation monte jusqu'à la cinquième ou sixième dimension, elle est du troisième ; et ainsi des autres à l'infini.

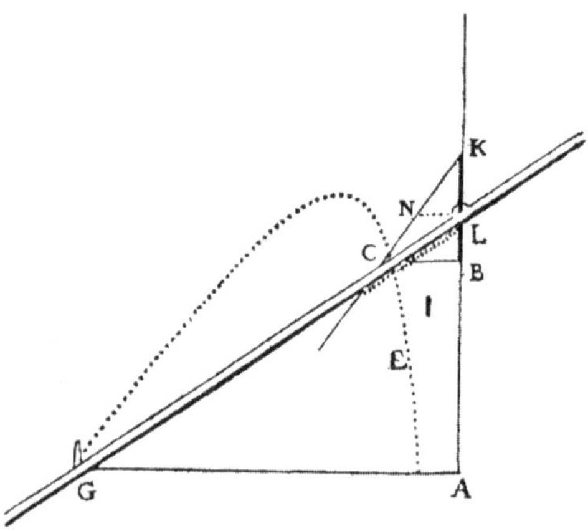

Comme si je veux savoir de quel genre est la ligne EC, que j'imagine être décrite par l'intersection de la règle GL et du plan rectiligne CNKL, dont le côté KN est indéfiniment prolongé vers C, et qui, étant mu sur le plan de dessous en ligne droite, c'est-à-dire en telle sorte que son diamètre KL se trouve toujours appliqué sur quelque endroit de la ligne BA prolongée de part et d'autre, fait mouvoir circulairement cette règle GL autour du point G, à cause qu'elle lui est tellement jointe qu'elle passe toujours par le point L.

Je choisis une ligne droite comme AB, pour rapporter à ses divers points tous ceux de cette ligne courbe EC ; et en cette ligne AB je choisis un point comme A, pour commencer par lui ce calcul. Je dis que je choisis et l'un et l'autre, à cause qu'il est libre de les prendre tels qu'on veut ; car encore qu'il y ait beaucoup de choix pour rendre l'équation plus courte et plus aisée, toutefois en quelle façon qu'on les prenne, on peut toujours faire que la ligne paroisse de même genre, ainsi qu'il est aisé à démontrer.

321 Après cela prenant un point à discrétion dans la courbe, comme C, sur lequel je suppose que l'instrument qui sert à la décrire est appliqué, je tire de ce point C la ligne CB parallèle à GA, et parce que CB et BA sont deux quantités indéterminées et inconnues, je les nomme l'une y et l'autre x ; mais afin de trouver le rapport de l'une à l'autre, je considère aussi les quantités connues qui déterminent la description de cette ligne courbe, comme GA, que je nomme a, KL que je nomme b, et NL, parallèle à GA, que je nomme c ; puis je dis, comme NL est à LK, ou c à b, ainsi CB ou y est à B K, qui est par conséquent b/cy ; et BL est $b/cy - b$, et AL est $x + b/cy - b$.

De plus, comme CB est à LB, ou y à $b/cy - b$, ainsi AG ou a est à LA ou $x + b/cy - b$; de façon que, multipliant la seconde par la troisième, on produit $ab/cy - ab$ qui est égal à $xy + b/cy^2 - by$, qui se produit en multipliant la première par la dernière : et ainsi l'équation qu'il fallait trouver est $y^2 = cy - cx/by + ay - ac$, de laquelle on connaît que la ligne EC est du premier genre, comme en effet elle n'est autre qu'une hyperbole.

Reproduction des pages 319 à 322
de l'édition originale

Nous reproduisons ci-après le passage dans lequel Descartes expose son idée relative aux « coordonnées cartésiennes ».
Le lecteur se fera ainsi une idée de ce que serait la lecture de Descartes dans le texte original… et nous saura peut-être gré d'avoir préféré en donner une écriture plus conforme à nos habitudes d'aujourd'hui.

Rappel de quelques conventions d'écriture au XVIIe siècle :

• Les « s » qui ne sont pas à la fin d'un mot s'écrivent d'une manière un peu allongée, comme une sorte de « f ».
Et ils se glissent parfois dans des mots d'où ils ont aujourd'hui disparu, comme « troisiesme », « descrite », « desmontrer », …

• Les « i » remplacent souvent des « j » (comme « ie » pour « je »), les « y » remplacent parfois des « i » (comme dans « luy », « icy », « aysé ») et les « v » se lisent souvent « u » ou inversement (comme « vne » pour « une » ou « trouue » pour « trouve »).

• On trouve aussi quelques façons étonnantes de noter certaines voyelles, comme « reigle » pour « règle » ou « apparoissent » pour « apparaissent ».

• Lorsqu'ils sont côte à côte, le « c » et le « t » sont liés par un signe curieux, comme dans « exacte » ou « effect ».

• On voit assez souvent l'esperluette « & » à la place de la conjonction « et ».

• Dans les formules mathématiques, yy est souvent à la place de y^2, le signe de soustraction « – » s'écrit comme deux tirets « - - » et le signe « = » est une sorte de alpha retourné : « ∝ ».

LA GEOMETRIE.
LIVRE SECOND.

De la nature des lignes courbes.

[...]

Ie pourrois mettre icy pluſieurs autres moyens pour tracer & conçeuoir des lignes courbes, qui ſeroient de plus en plus compoſées par degrés a l infini. mais pour comprendre enſemble toutes celles, qui ſont en la nature, & les diſtinguer par ordre en certains genres ; ie ne ſçache rien de meilleur que de dire que tous les poins, de celles qu'on peut nommer Geometriques, c'eſt a dire qui tombent ſous quelque meſure preciſe & exacte, ont neceſſairement quelque rapport a tous les poins d'vne ligne droite, qui peut eſtre exprimé par quelque equation, en tous par vne meſme, Et que lorſque cete equation ne monte que iuſques au rectangle de deux quantités indeterminées, oubien au quarré d'vne meſme, la ligne courbe eſt du premier & plus ſimple genre, dans lequel il ny a que le cercle, la parabole, l'hyperbole, & l'Ellipſe qui ſoient compriſes. mais que lorſque l'equation monte iuſques a la trois ou quatrieſme dimenſion des deux, ou de l'vne des deux quantités indeterminées, car il en faut deux pour expliquer icy le rapport d'vn point a vn autre, elle eſt du ſecond: & que lorſque l'equation monte iuſques a la 5 ou ſixieſme dimenſion, elle eſt du troiſieſme; & ainſi des autres a l'infini.

La facon de diſtinguer toutes les lignes courbes en certains genres. Et de connoiſtre le rapport qu'ont tous leurs poins a ceux des lignes droites.

Comme ſi ie veux ſçauoir de quel genre eſt la ligne E C, que i'imagine eſtre deſcrite par l'interſection de la

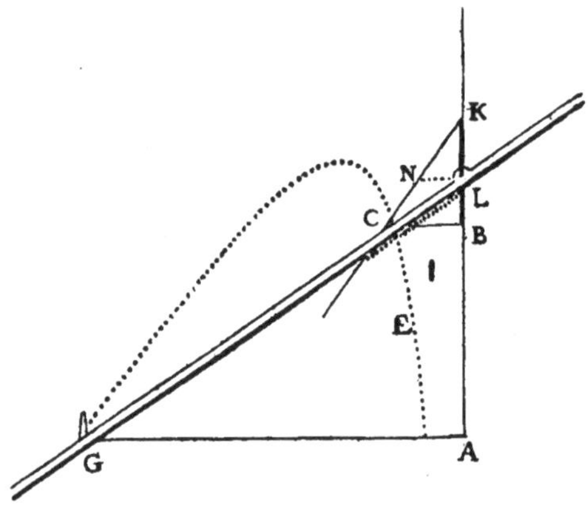

reigle G L, & du plan rectiligne C N K L, dont le coſté K N eſt indefiniement prolongé vers C , & qui eſtant meu ſur le plan de deſſous en ligne droite, c'eſt a dire en telle ſorte que ſon diametre K L ſe trouue touſiours appliqué ſur quelque endroit de la ligne B A prolongée de part & d'autre, fait mouuoir circulairement cete reigle G L autour du point G, a cauſe quelle luy eſt tellement iointe quelle paſſe touſiours par le point L. Ie choiſis vne ligne droite, comme A B, pour rapporter a ſes diuers poins tous ceux de cete ligne courbe E C, & en cete ligne A B ie choiſis vn point, comme A, pour commencer par luy ce calcul. Ie dis que ie choiſis & l'vn & l'autre, a cauſe qu'il eſt libre de les prendre tels qu'on veult. car encore qu'il y ait beaucoup de choix pour rendre l'equation plus courte, & plus ayſée; toutefois en quelle façon qu'on les prene, on peut touſiours faire que la ligne paroiſſe de meſme genre, ainſi qu'il eſt ayſé a demonſtrer.

Aprés cela prenant vn point a diſcretion dans la courbe, comme C, ſur lequel ie ſuppoſe que l'inſtrument qui ſert a la deſcrire eſt appliqué, ie tire de ce point C la ligne C B parallele a G A, & pourceque C B & B A ſont deux quantités indeterminées & inconnuës, ie les nomme l'vne y & l'autre x. mais affin de trouuer le rapport de l'vne à l'autre; ie conſidere auſſy les quantités connuës qui determinent la deſcription de cete ligne courbe, comme G A que ie nomme a, K L que ie nomme b, & N L parallele a G A que ie nomme c. puis ie dis, comme N L eſt à L K, ou c à b, ainſi C B, ou y, eſt à B K, qui eſt par conſequent $\frac{b}{c}y$: & B L eſt $\frac{b}{c}y - b$, & A L eſt $x + \frac{b}{c}y - b$. de plus comme C B eſt à L B, ou y à $\frac{b}{c}y - b$, ainſi a, ou G A, eſt á L A, ou $x + \frac{b}{c}y - b$. de façon que multipliant la ſeconde par la troiſieſme on produit $\frac{ab}{c}y - ab$, qui eſt eſgale à $xy + \frac{b}{c}yy - by$ qui ſe produit en multipliant la premiere par la derniere. & ainſi l'equation qu'il falloit trouuer eſt.

$$yy = cy - \frac{cx}{b}y + ay - ac.$$

de laquelle on connoiſt que la ligne E C eſt du premier genre, comme en effect elle n'eſt autre qu'vne Hyperbole.

Le problème des tangentes

Nous avons dit, et nous verrons mieux au livre troisième, que *La Géométrie* aurait aussi bien pu avoir pour titre *L'Algèbre*, puisqu'elle donne les clefs d'une algébrisation de la géométrie appelée plus tard, au siècle de l'Encyclopédie, *Géométrie Analytique*, par opposition à la géométrie d'Euclide, dite « synthétique ».

Mais voilà qu'au milieu de cet ouvrage on trouve l'une des premières questions de ce qui sera un autre domaine des mathématiques, celui de l'*Analyse*.

Il s'agit du problème des tangentes : trouver, en un point M d'une courbe, la direction de cette courbe ; c'est-à-dire la direction qu'aurait une droite tangente à cette courbe.

Ce problème est d'abord un problème mécanique : supposons un point obligé de se déplacer sur une courbe ; à un moment donné, on lui rend sa liberté, c'est-à-dire qu'il n'est plus « attaché » à la courbe ; il va alors poursuivre son chemin en ligne droite, dans la direction qu'il avait au moment de son « détachement ».

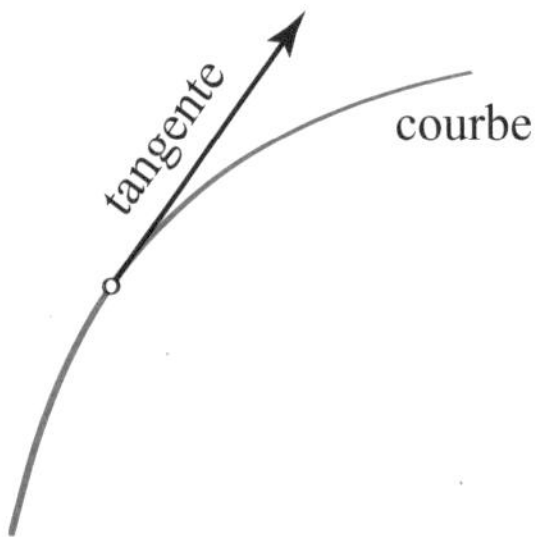

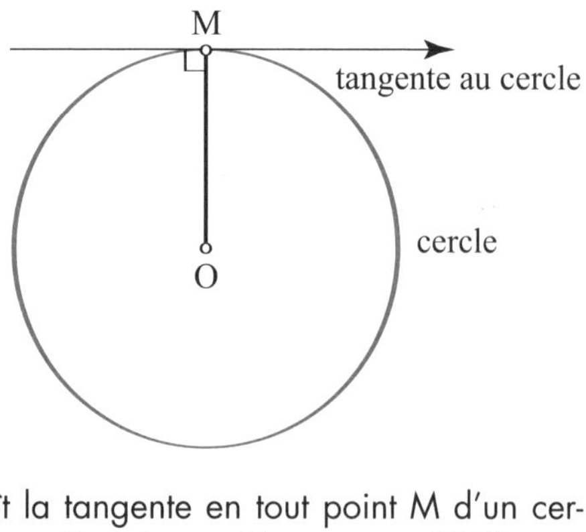

Géométriquement, on connaît la tangente en tout point M d'un cercle de centre O : c'est la perpendiculaire en M au rayon [OM].

Archimède, déjà, avait su déterminer la tangente en un point d'une spirale.

Les tangentes aux paraboles, ellipses et hyperboles, avaient aussi pu être déterminées, par les « anciens », grâce à des raisonnements de nature géométrique.

Mais comment faire dans le cas général ?
Telle courbe étant bien définie,... comment trouver sa tangente en un point ?
Descartes donne ici une méthode « qui marche tout le temps ».
En fait, il ne cherche pas directement la tangente en un point mais sa perpendiculaire, sa « normale ».
Et comme la normale à un cercle est bien connue, il décide de chercher d'abord à positionner le cercle qui serait, lui aussi, tangent à la courbe.
Voici alors un nouveau coup de génie de Descartes :
Si un cercle et une courbe sont assez proches l'un de l'autre, ils se coupent en deux points ; lorsqu'ils sont tangents, on peut donc considérer qu'ils ont, non pas un, mais deux points communs confondus ensemble !

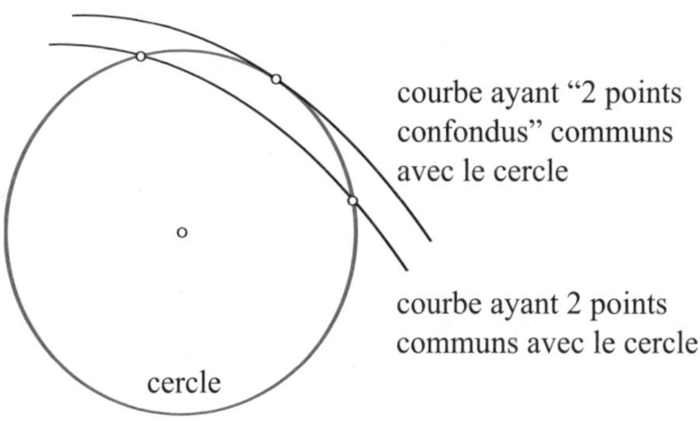

Et, surtout, Descartes donne le moyen de traduire algébriquement cette duplicité de points d'intersection :
Normalement deux courbes se coupant en deux points, d'abscisses a et b, donnent une équation du genre $(x - a)(x - b)T(x) = 0$.
Lorsque les 2 points sont confondus (par exemple en $x = a$), c'est que l'équation se présente sous la forme $(x - a)^2T(x) = 0$.
Le truc utilisé par Descartes est alors quasi miraculeux...
Si on écrit l'équation vérifiée par une coordonnée d'un point d'intersection de la courbe et d'un cercle, alors, lorsque le cercle et la courbe ont même tangente, on doit avoir en facteur un monôme au carré : $(x - a)^2$!
Plus précisément, on doit avoir en facteur : $x^2 - 2ax + a^2$.
Mieux encore : si on a le facteur $x^2 + ux + v$, alors on doit pouvoir écrire, par « identification », que $u = -2a$ et que $v = a^2$.

Aides à la lecture (pages 40 à 43)

lg 1 à 27 : Descartes expose le problème et la simplicité de sa résolution. Les *essieux* sont pour nous les axes ; et les *contingentes* sont les tangentes.

lg 30 à 42 : Descartes précise ses notations, puis écrit ce qui est, pour nous, l'équation d'un cercle centré sur l'axe des ordonnées et passant par un point C de la courbe étudiée :

$(y - v)^2 + x^2 = s^2$, avec $AM = y$; $MC = x$ et $AP = v$; $PC = s$.

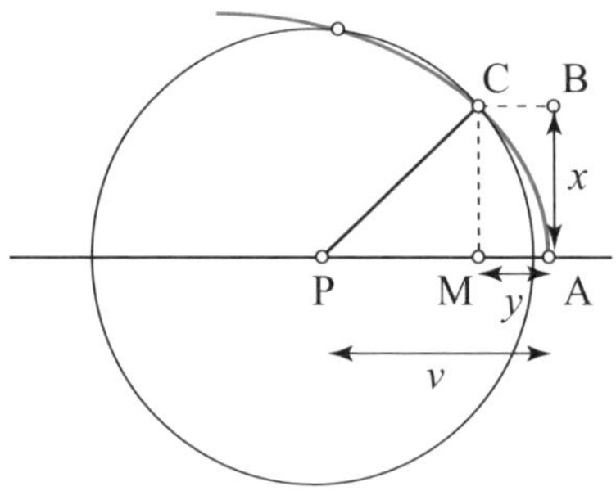

Dès la ligne 34, il faut suivre le texte en regardant tantôt l'une tantôt l'autre des deux figures de la page. (Notre figure est orientée comme celle de Descartes au niveau des lignes 55 et 75.)

lg 43 à 51 : Rappelant que cela permet d'écrire (par exemple) x en fonction de y, il explique qu'il pourra alors remplacer x par cette valeur dans l'équation de la courbe. Cela lui donnera une équation en y, dont chaque solution donne l'ordonnée d'un point d'intersection de la courbe et du cercle.

lg 52 à 60 : Descartes prend l'exemple d'une ellipse d'équation

$$x^2 = ry - \frac{r}{q}y^2.$$

Le dessin suivant précise la signification du *côté droit* r et du *traversant* q, pour ceux qui souhaitent reproduire les calculs de Descartes avec nos habitudes d'écriture et de notations (F et F′ sont les foyers de l'ellipse).

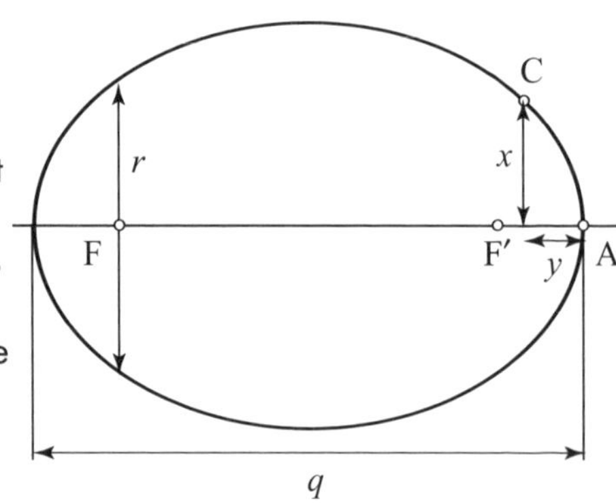

Les points d'intersection de ce cercle et de l'ellipse vérifient

$$s^2 - v^2 + 2vy - y^2 = ry - (r/q)y^2,$$

équation en y qu'il écrit

$$(q - r)y^2 + q(r - 2v)y + q(r^2 - s^2) = 0,$$

car il est mieux en cet endroit de considérer ainsi ensemble toute la somme que d'en faire une partie égale à l'autre. (Conseil particulièrement heureux dont l'efficacité s'avérera fondamentale.)

lg 61 à 96 : Descartes explique alors la technique que nous venons d'exposer, en particulier l'*égalité* des deux points d'intersection de la courbe et du cercle lorsqu'ils sont tangents (lg 88 à 91).

lg 97 à 107 : Il conclut que, lorsque le cercle et l'ellipse sont tangents, l'équation précédente doit s'écrire $y^2 - 2ey + e^2 = 0$, e étant l'abscisse du point où l'on cherche la tangente.

Descartes explique en détail le mécanisme de l'"identification de deux trinômes" : on peut comparer séparément chacun de leurs termes.

Cela donne, en particulier $2e = q(2v - r)/(q - r)$

c'est-à-dire $v = e - (r/q)e + r/2$,

ce qui donne la position de P et, donc, de la normale CP à l'ellipse. (Le lecteur peut vérifier que la droite CP, normale à l'ellipse ainsi trouvée, est bien bissectrice de l'angle formé par les droites joignant C aux foyers de l'ellipse.)

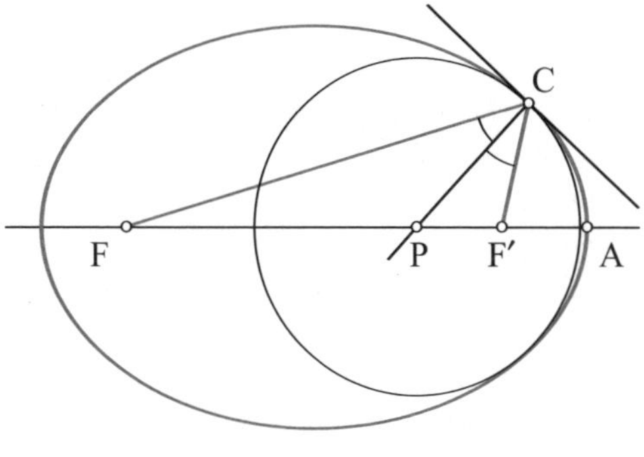

lg 108 à 123 : Descartes donne ensuite d'autres exemples concernant la parabole, une conchoïde,... avant de conclure par de savoureuses considérations...

Le problème des tangentes

P. 3

Que, pour trouver toutes les propriétés des lignes courbes, il suffit de savoir le rapport qu'ont tous leurs points à ceux des lignes droites ; et la façon de tirer d'autres lignes qui les coupent en tous ces points à angles droits

Or de cela seul qu'on sait le rapport, qu'ont tous les points d'une ligne courbe à tous ceux d'une ligne droite, en la façon que j'ai expliquée, il est aisé de trouver aussi le rapport qu'ils ont à tous les autres points et lignes données et ensuite de connaître les diamètres, les essieux, les centres et autres lignes ou points à qui chaque ligne courbe aura quelque rapport plus particulier, ou plus simple qu'aux autres : et ainsi d'imaginer divers moyens pour les décrire, et d'en choisir les plus faciles.

Et même on peut aussi par cela seul trouver quasi tout ce qui peut être déterminé touchant la grandeur de l'espace qu'elles comprennent, sans qu'il soit besoin que j'en donne plus d'ouverture.

Et enfin pour ce qui est de toutes les autres propriétés qu'on peut attribuer aux lignes courbes, elles ne dépendent que de la grandeur des angles qu'elles font avec quelques autres lignes.

Mais lorsqu'on peut tirer des lignes droites qui les coupent à angles droits, aux points où elles sont rencontrées par celles avec qui elles font les angles qu'on veut mesurer, ou ce que je prends ici pour le même, qui coupent leurs contingentes, la grandeur de ces angles n'est pas plus mal aisée à trouver, que s'ils étaient compris entre deux lignes droites.

C'est pourquoi je croirai avoir mis ici tout ce qui est requis pour les éléments des lignes courbes lorsque j'aurai généralement donné la façon de tirer des lignes droites, qui tombent à angles droits sur tels de leurs points qu'on voudra choisir.

Et j'ose dire que c'est ceci le problème le plus utile, et le plus général non seulement que je sache, mais même que j'ai jamais désiré de savoir en Géométrie. P.

Façon générale pour trouver des lignes droites qui coupent les courbes données ou leurs contingentes, à angles droits

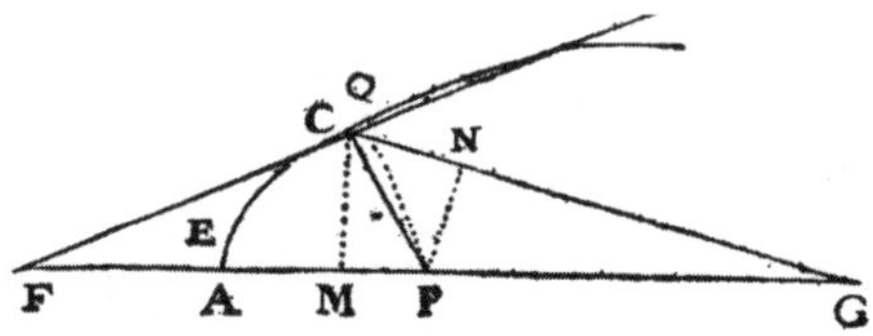

Soit CE la ligne courbe, et qu'il faille tirer une ligne droite par le point C, qui fasse avec elle des angles droits.

Je suppose la chose déjà faite et que la ligne cherchée est CP, laquelle je prolonge jusqu'au point P, où elle rencontre la ligne droite GA, que je suppose être celle aux points de laquelle on rapporte tous ceux de la ligne CE : en sorte que faisant MA ou CB égale y et CM ou BA égale x, j'ai quelque équation, qui explique le rapport, qui est entre x et y.

Puis je fais PC = s et PA = v, ou PM = $v - y$, et à cause du triangle rectangle PMC j'ai ss qui est le carré de la base égal à $xx + vv - 2vy + yy$, qui sont les carrés des deux côtés.

C'est-à-dire j'ai $x = \sqrt{ss - vv + 2vy - yy}$, ou bien $y = v + \sqrt{ss - xx}$ et par le moyen de cette équation, j'ôte de l'autre équation qui m'explique le rapport qu'ont tous les points de la courbe CE à ceux de la droite GA, l'une des deux quantités indéterminées x ou y, ce qui est aisé à faire en mettant partout $\sqrt{ss - vv + 2vy - yy}$ au lieu d'x, et le carré de cette somme au lieu d'xx et son cube au lieu d'x^3 et ainsi des autres, si c'est x que je veuille ôter, ou bien
P. 343 si c'est y, en mettant en son lieu $v + \sqrt{ss - xx}$ et le carré, ou le cube, etc. de cette somme, au lieu d'yy ou y^3 etc. De façon qu'il reste toujours après cela une équation en laquelle il n'y a plus qu'une seule quantité indéterminée, x ou y.

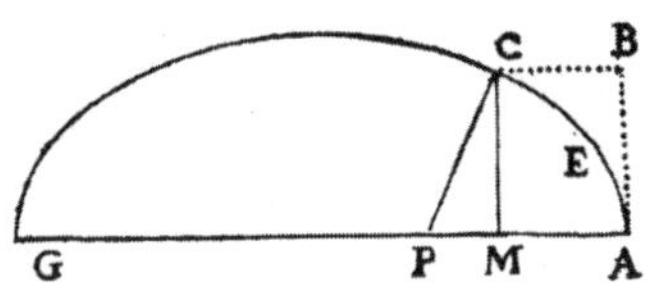

Comme si CE est une Ellipse, et que MA soit le segment de son diamètre, auquel CM soit appliquée par ordre, et qui ait r pour son côté droit, et q pour le traversant, on a (par le théorème 13 du livre 1 d'Apollonius)

$$xx = ry - \frac{r}{q}yy$$ d'où ôtant xx, il reste $$ss - vv + 2vy - yy = ry - \frac{r}{q}yy$$

ou bien $$yy + \frac{qry - 2qvy + qvv - qss}{q - r} = 0$$ car il est mieux en cet endroit de considérer ainsi ensemble toute la somme que d'en faire une partie égale à l'autre. [...]

Or après qu'on a trouvé une telle équation, au lieu de s'en servir pour connaî- P. 34
tre les quantités *x*, ou *y* ou *z* qui sont déjà données, puisque le point C est donné, on la doit employer à trouver *v* ou s qui déterminent le point P, qui est demandé. Et à cet effet il faut considérer que si ce point P est tel qu'on le désire, le cercle dont il sera le centre, et qui passera par le point C, y touchera la ligne courbe CE, sans la couper : mais que si ce point P, est tant soit peu plus pro- P. 34
che, ou plus éloigné du point A, qu'il ne doit, ce cercle coupera la courbe, non seulement au point C, mais aussi nécessairement en quelque autre.

Puis il faut aussi considérer que lorsque ce cercle coupe la ligne courbe CE, l'équation par laquelle on cherche la quantité *x* ou *y* ou quelque autre semblable, en supposant PA et PC être connues, contient nécessairement deux racines, qui sont inégales.

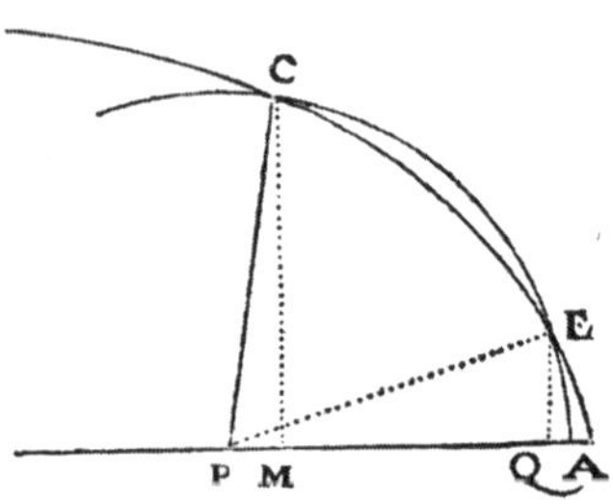

Car par exemple, si ce cercle coupe la courbe aux points C et E ; ayant tiré EQ parallèle à CM, les noms des quantités indéterminées *x* et *y* conviendront aussi bien aux lignes EQ, et QA qu'à CM et MA, puis PE est égale à PC à cause du cercle, si bien que cherchant les lignes EQ et QA, par PE et PA qu'on suppose comme données, on aura la même équation, que si on cherchait CM et MA par PC, PA, d'où il suit évidemment que la valeur d'*x*, ou d'*y*, ou de telle autre quantité qu'on aura supposée, sera double en cette équation, c'est-à-dire qu'il y aura deux racines inégales entre elles. Et dont l'une sera CM l'autre EQ, si c'est *x* qu'on cherche, ou bien l'une sera MA, et l'autre QA si c'est *y*. Et ainsi des autres. Il est vrai que si le point E ne se trouve pas du même côté de la courbe que le point C, il n'y aura que l'une de ces deux racines qui soit vraie, et l'autre sera renversée, ou moindre que rien : mais plus ces deux points, C et E, sont proches l'un de l'autre, moins il y a de différence entre ces deux racines, et enfin elles sont entiè- P. 3
rement égales, s'ils sont tous deux joints en un, c'est-à-dire si le cercle, qui passe par C, y touche la courbe CE sans la couper. De plus il faut considérer que lorsqu'il y a deux racines égales en une équation, elle a nécessairement la même forme que si on multiplie par soi-même la quantité qu'on y suppose être inconnue moins la quantité connue qui lui est égale, et qu'après cela si cette dernière somme n'a pas tant de dimensions que la précédente on la multiplie par une autre somme qui en ait autant qu'il lui en manque, afin qu'il puisse y avoir séparément équation entre chacun des termes de l'une, et chacun des termes de l'autre.

Comme par exemple je dis que la première équation trouvée ci-dessus, à savoir $yy + \dfrac{qry - 2qvy + qvv - qss}{q - r}$ doit avoir la même forme que celle qui se produit en faisant e égal à y, et multipliant $y - e$ par soi-même, d'où il vient $yy - 2ey + ee$, en sorte qu'on peut comparer séparément chacun de leurs termes, et dire que puisque le premier qui est yy est tout le même en l'une qu'en l'autre, le second qui est en l'une $\dfrac{qry - 2qvy}{q - r}$ est égal au second de l'autre qui est $-\ 2\ ey$, d'où cherchant la quantité v qui est la ligne PA on a
P. 348 $v = e - \dfrac{r}{q}e + \dfrac{1}{2}r$ ou bien à cause que nous avons supposé e égal à y, on a $v = y - \dfrac{r}{q}y + \dfrac{1}{2}r$ et ainsi on pourrait trouver s par le troisième terme
P. 350 $ee = \dfrac{qvv - qss}{q - r}$ mais parce que la quantité v détermine assez le point P, qui est le seul que nous cherchions, on n'a pas besoin d'aller plus loin. […]

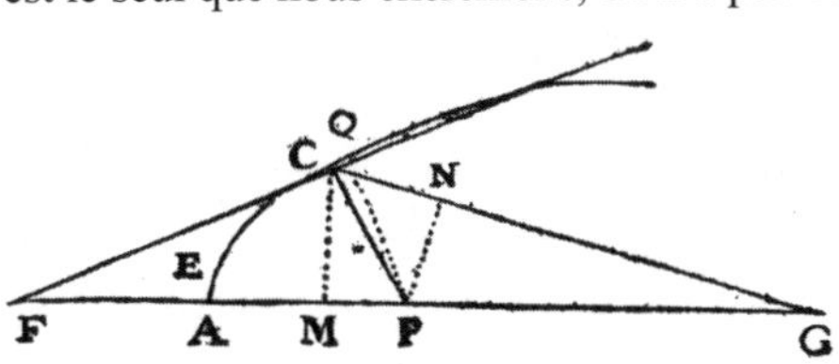

C'est pourquoi composant la ligne AP, de cette somme égale à v dont toutes les quantités sont connues, et tirant du point P ainsi trouvé, une ligne droite vers C, elle coupe la courbe CE à angles droits, qui est ce qu'il fallait faire. Et je ne vois rien qui empêche, qu'on étende ce problème en même façon à toutes les lignes courbes, qui tombent sous quelque calcul géométrique. […]

Car s'il fallait que je m'arrêtasse à démontrer tous les théorèmes dont je fais quelque mention, je serais contraint d'écrire un volume beaucoup plus gros
P. 351 que je ne désire. Mais je veux bien en passant vous avertir que l'invention de supposer deux équations de même forme, pour comparer séparément tous les termes de l'une à ceux de l'autre, et ainsi en faire naître plusieurs d'une seule, dont vous avez vu ici un exemple, peut servir à une infinité d'autres problèmes, et n'est pas l'une des moindres de la méthode dont je me sers.

Les ovales de Descartes

Grâce à sa nouvelle méthode, Descartes, à la fin de son deuxième livre, étudie certaines courbes *très utiles pour la théorie de la Catoptrique et de la Dioptrique*.

Ses « ovales » apparaissent, en effet, lorsqu'on s'intéresse au trajet de la lumière traversant des lentilles de verre. (Notez que "ovale" est féminin dans le texte de Descartes.)

Précisément, une « goutte » de verre ayant la forme d'un de ses ovales, a la propriété suivante : tous les rayons issus d'un certain point F viennent converger en un unique point G (lg 54 à 62).

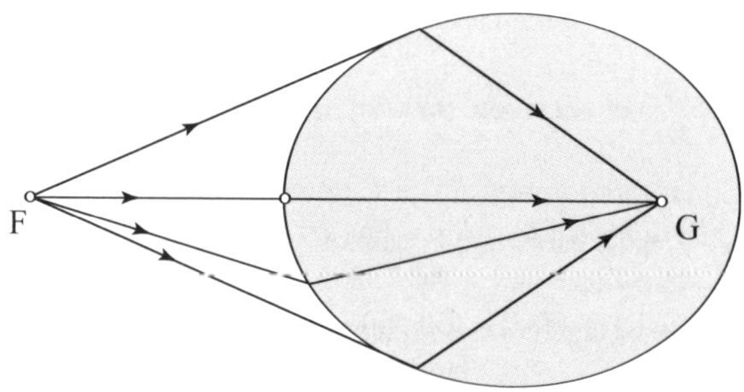

En fait l'optique utilise des morceaux de ces ovales, taillés en forme de lentilles ; et on peut suivre le trajet de la lumière, à l'entrée et à la sortie de la lentille, selon sa concavité et selon la position des foyers des arcs d'ovale.

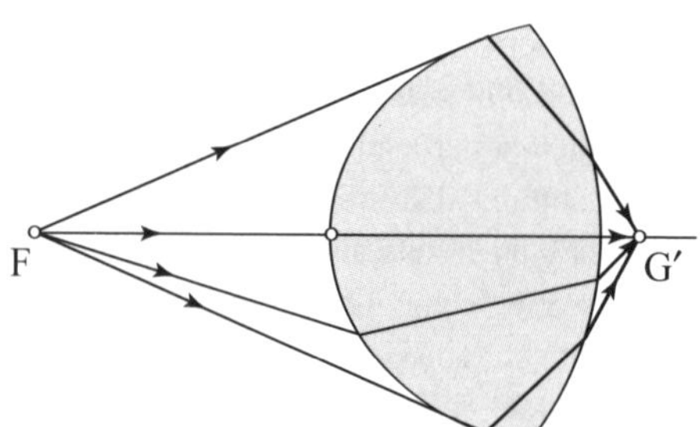

Aides à la lecture (pages 46 à 48)

lg 6 à 27 : Traduisons ce qu'écrit Descartes en termes modernes …
Les points F, A et G sont donnés ainsi que l'angle GAR (et AG = AR).
Un point (5) varie sur (FG) et se projette en 6 sur (AR) [notez que, si cette projection est orthogonale, on a A6 = A5.cosGAR].

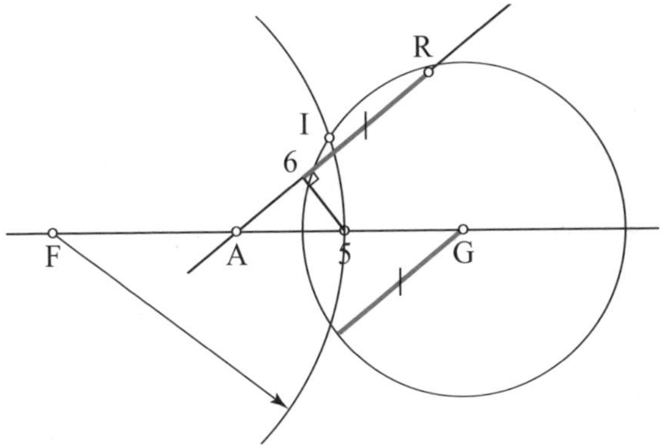

Le point I de l'ovale (obtenu à partir de ce point 5) est tel que
d'une part, FI = F5 = FA + A5 = FA + *k* . A6,
d'autre part GI = R6 = AR – A6 .
On a donc FI = FA + k(AR – GI), que l'on peut écrire

$$FI + k.GI = K.$$

Aujourd'hui on définit un ovale de Descartes par l'équation dite « bipolaire » : $r + kr' = K$,
r et *r'* étant les distances d'un point de l'ovale à deux points fixes F et G (appelés foyers), *k* et K étant deux constantes.

lg 29 à 41 : Descartes montre comment tracer un tel ovale avec une corde, un crayon et une règle (un peu à la manière, que nous connaissons, dont les « jardiniers » traçent une ellipse).
Précisons que la corde est fixée en ses extrémités E et G et coulisse autour du point K ; et on doit s'arranger pour que le point C longe la règle, en conservant tendues les différentes parties de la corde : GC, CK, KC et CE.

lg 42 à 53 : Dans la suite de son texte, Descartes définit trois autres sortes d'ovales, selon le signe de *k* et selon les positions respectives de A, G et F.

Les ovales de Descartes

[…] P. 35

Explication de quatre nouveaux genres d'ovales qui servent à l'optique

Au reste, afin que vous sachiez que la considération des lignes courbes ici proposée n'est pas sans usage, et qu'elles ont diverses propriétés qui ne cèdent en rien à celles des sections coniques, je veux encore ajouter ici l'explication de certaines ovales que vous verrez être très utiles pour la Théorie de la Catoptrique et de la Dioptrique. Voici la façon dont je les décris.

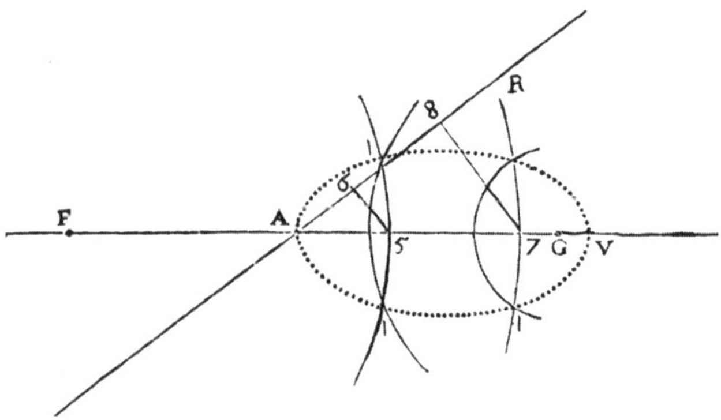

Premièrement, ayant tiré les lignes droites FA et AR, qui s'entrecoupent au point A, sans qu'il importe à quels angles, je prends en l'une le point F à discrétion, c'est-à-dire plus ou moins éloigné du point A, selon que je veux faire ces ovales plus ou moins grandes.

Et de ce point F, comme centre, je décris un cercle qui passe quelque peu au-delà du point A, comme par le point 5 ; puis de ce point 5 je tire la ligne droite 56, qui coupe l'autre au point 6, en sorte que A6 soit moindre que A5 selon telle proportion donnée qu'on veut, à savoir selon celle qui mesure les réfractions si on s'en veut servir pour la dioptrique. Après cela je prends aussi le point G en la ligne FA du côté où est le point 5, à discrétion, c'est-à-dire en faisant que les lignes AF et GA ont entre elles telle proportion donnée qu'on veut. Puis je fais RA égale à GA en la ligne A6, et du centre G décrivant un cercle dont le rayon soit égal à R6, il coupe l'autre cercle de part et d'autre au point 1, qui est l'un de ceux par où doit passer la première des ovales cherchées. Puis derechef du centre F je décris un cercle qui passe un peu au-deçà ou au-delà du point 5, comme par le point 7, et ayant tiré la ligne droite 78 parallèle à 56, du centre G je décris un autre cercle dont le rayon est égal à la ligne R8, et ce cercle coupe celui qui passe par le point 7 au point 1, qui est encore l'un de ceux de la même ovale ; et ainsi on en peut trouver autant d'autres qu'on voudra, en tirant derechef d'autres lignes parallèles à 78, et d'autres cercles des centres F et G.

[…]

P. 356 On pourrait encore trouver une infinité d'autres moyens pour décrire ces mêmes ovales ; comme par exemple, on peut tracer la première, lorsqu'on suppose les lignes FA et AG être égales, si on divise FG au point L, en sorte que FL soit à LG comme A5 à A6, c'est-à-dire qu'elles aient la proportion qui mesure les réfractions.

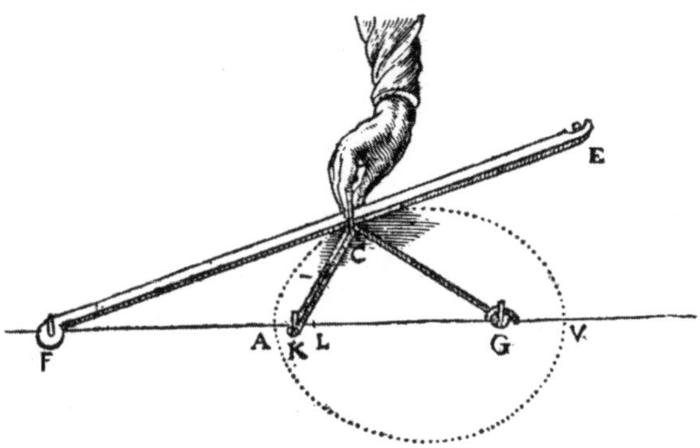

Puis ayant divisé AL en deux parties égales au point K, qu'on fasse tourner une règle comme EF autour du point F, en pressant du doigt C la corde EC, qui étant attachée au bout de cette règle vers E, se replie de C vers K, puis de K derechef vers C, et de C vers G, où son autre bout soit attaché, en sorte que la longueur de cette corde soit composée de celle des lignes GA, plus AL, plus FE, moins AF ; et ce sera le mouvement du point C qui décrira cette ovale, à l'imitation de ce qui a été dit en la dioptrique de l'ellipse et de l'hyperbole ;
P. 357 mais je ne veux point m'arrêter plus longtemps sur ce sujet.

Or, encore que toutes ces ovales semblent être quasi de même nature, elles sont néanmoins de quatre divers genres, chacun desquels contient sous soi une infinité d'autres genres, qui derechef contiennent chacun autant de diverses espèces que fait le genre des ellipses ou celui des hyperboles ; car selon que la proportion qui est entre les lignes A5, A6, ou semblables, est différente, le genre subalterne de ces ovales est différent ; puis selon que la proportion qui est entre les lignes AF et AG ou AH est changée, les ovales de chaque genre subalterne changent d'espèce ; et selon que AG ou AH est plus ou moins grande, elles sont diverses en grandeur ; et si les lignes A5 et A6 sont égales, au lieu des ovales du premier genre ou du troisième, on ne décrit que des lignes droites ; mais au lieu de celles du second on a toutes les hyperboles possibles, et au lieu de celles du dernier toutes les ellipses.

Les propriétés de ces ovales touchant les réflexions et les réfractions

Outre cela, en chacune de ces ovales il faut considérer deux parties qui ont diverses propriétés ; à savoir en la première, la partie qui est vers A, fait que les rayons qui étant dans l'air viennent du point F, se retournent tous vers le point G, lorsqu'ils rencontrent la superficie convexe d'un verre, et dans lequel les réfractions se font telles que, suivant ce qui a été dit en la Dioptrique, elles peuvent toutes être mesurées par la proportion qui est entre les lignes A5 et A6 ou semblables, par l'aide desquelles on a décrit cette ovale.

Le calcul algébrique

Le livre troisième est un véritable manuel d'apprentissage du calcul algébrique. C'est une liste de bons conseils pour mener ses calculs.
Le texte en est suffisamment didactique et clairement écrit pour que le lecteur puisse quasiment se passer de nos *aides à la lecture*.
Ces dernières ne font ici que souligner les bonnes idées de Descartes et se limitent souvent au rappel du titre de paragraphe.

Aides à la lecture (pages 53 à 59)

lg 7 à 13 : De la nature des équations

Descartes incite ses lecteurs à écrire des équations sous la forme $P(x) = 0$, plutôt que sous la forme d'une égalité de nombres positifs ; ainsi depuis les mathématiciens arabes et même après Viète, on distinguait trois types d'équation du second degré selon les signes des coefficients : $x^2 = mx + n$, $px = x^2 + q$, $v = x^2 + ux$; après Descartes on s'habitue à écrire $ax^2 + bx + c = 0$, comme il le conseille :
Les équations sont des sommes composées de plusieurs termes, en partie connus et en partie inconnus, dont les uns sont égaux aux autres, ou plutôt qui, considérés tous ensemble, sont égaux à rien, car ce sera souvent le meilleur de les considérer en cette sorte.

lg 14 à 32 : Combien il peut y avoir de racines en chaque équation

De cette simple manière d'écrire, Descartes tire quelques intuitions qui vont être incroyablement fécondes.
Ainsi, par exemple, lorsqu'on remplace l'écriture (qui semble la plus simple) $x = 2$, par l'écriture $x - 2 = 0$, on comprend vite comment fabriquer une équation ayant des racines données : ainsi l'équation ayant pour racines 2, 3 et 4 s'écrit : $(x - 2)(x - 3)(x - 4) = 0$.

lg 34 à 42 : Quelles sont les fausses racines

Les « vraies » racines sont les racines positives et les « fausses » racines sont les racines négatives.

lg 43 à 48 : Comment on peut diminuer le nombre des dimensions d'une équation

Inversement, si a est racine d'une équation, c'est que $(x - a)$ est en fac-

teur : la somme d'une équation, qui contient plusieurs racines, peut toujours être divisée par un binôme composé de la quantité inconnue moins la valeur de l'une des vraies racines.
Cette propriété permet pratiquement la mise en facteur des polynômes et, donc, la diminution du degré des équations.
Mais elle donne aussi une idée qui deviendra ce que l'on a appelé le *théorème fondamental de l'algèbre* : *autant que la quantité inconnue a de dimensions, autant peut-il y avoir de diverses racines* (lg 15 et 16).

lg 49 à 58 : Comment on peut examiner si quelque quantité donnée est la valeur d'une racine

lg 60 à 69 : Combien il peut y avoir de vraies racines dans chaque équation
Voici la « règle », plus tard appelée règle de Descartes. Et voici comment elle sera énoncée par Gauss en 1827 (*Annales de Gergonne*) : « lorsque les racines d'une équation sont toutes réelles, le nombre des ses racines positives est précisément égal au nombre des variations de signes de ses coefficients, et le nombre de ses racines négatives au nombre de permanence de ces signes. »

lg 70 à 103 : Comment on peut ôter le second terme d'une équation
On connait la technique de résolution d'une équation du second degré : $x^2 + ax + b = 0$. Il faut regarder les deux premiers termes comme le début du développement d'un carré

$$(x + a/2)^2 - a^2/4 + b = 0$$

en posant $X = x + a/2$ et $C = b - a^2/4$ on tombe alors sur une équation du type $X^2 - C = 0$, d'où le « second terme » a disparu, et qui se résout sans difficulté...
La technique est la « même » pour les équations de degré 3 ou 4.
lg 103 à 110 : Comment on peut multiplier ou diviser les racines d'une équation
lg 111 à 126 : Comment on réduit les nombres rompus d'une équation à des entiers
Par ce que nous appelons aujourd'hui un « changement de variable » ($X = ax$), Descartes montre comment se débarrasser des fractions (appelées alors nombres « rompus ») ou des nombres irrationnels (appelés nombres « sourds »), de manière à ne conserver que des coefficients entiers.

lg 128 à 138 : Que les racines, tant vraies que fausses, peuvent être réelles ou imaginaires

Le premier emploi du mot « imaginaires » pour désigner les solutions complexes (non réelles) d'une équation est bien dû à Descartes dans sa *Géométrie*. Cette dénomination n'y est encore qu'un adjectif qualifiant assez naturellement la chose :

tant les vraies racines que les fausses ne sont pas toujours réelles ; mais quelquefois seulement imaginaires c'est-à-dire que l'on peut toujours en imaginer autant que j'ai dit en chaque équation, mais qu'il n'y a quelquefois aucune quantité qui corresponde à celle qu'on imagine.

lg 140 à 149 : L'invention de deux moyennes proportionnelles

Pour traiter le problème du paragraphe suivant, Descartes a besoin de « construire » les deux *moyennes proportionnelles* entre deux nombres a et q.

Précisément, étant donnés a et q, il s'agit de tracer deux segments de longueur z et z' tels que la suite (a, z, z', q) soit une suite géométrique. Cette suite doit avoir z/a pour raison puisque a et z en sont les deux premiers termes ; c'est donc la suite $(a, z, z^2/a, z^3/a^2)$. On doit donc avoir $z^3/a^2 = q$ et les deux *moyennes proportionnelles* sont z et z^2/a.

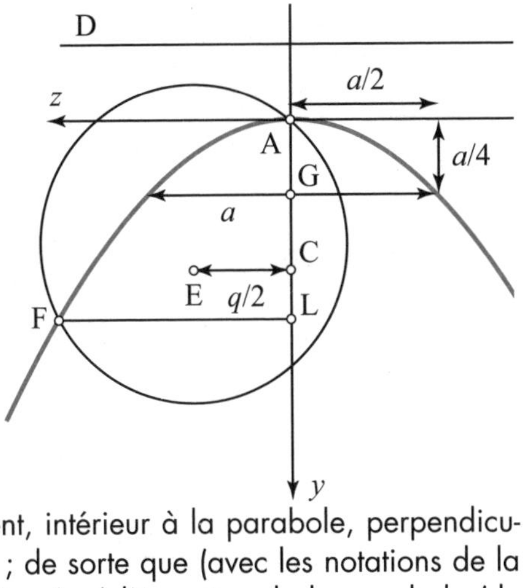

Pour construire le point F, de coordonnées z (= FL) et z^2/a (= AL), Descartes montre qu'il est à l'intersection de la parabole de sommet A, de *côté droit* a, et du cercle passant par l'origine A et de centre E, de coordonnées $z = q/2$ et $y = a/2$.

En effet, le « côté droit » d'une parabole est le segment, intérieur à la parabole, perpendiculaire à son axe en son foyer ; de sorte que (avec les notations de la figure ci-contre, dans le repère Azy) l'équation de la parabole (de foyer G, de directrice D) est $ay = z^2$; et l'équation du cercle est $z^2 + y^2 - qz - ay = 0$.

Il n'est pas difficile de conclure que les coordonnées (z, y) du point d'intersection de ces deux courbes sont telles que $a^2q = z^3$. Et donc les longueurs de FL et AL sont bien les deux moyennes proportionnelles entre a et q.
(Il faut reconnaître que c'est assez élégant !)

lg 150 à 170 : La façon de diviser un angle en trois

Voici un joli passage où Descartes montre la liaison entre un problème célèbre de géométrie, la trisection de l'angle, et la résolution d'une équation du troisième degré.

Plus tard on réalisera que la règle et le compas ne permettent que la construction de points dont les coordonnées ne peuvent être que des solutions d'une cascade d'équations du second degré. En effet, l'équation d'une droite (traçable à la règle) est un polynôme du premier degré et l'équation du cercle (traçable au compas) est un polynôme du second degré.

Un problème géométrique qui se traduit algébriquement par une équation du troisième degré, non décomposable en équation de degré inférieur, n'est donc pas résoluble « à la règle et au compas ».

Pour bien comprendre la démonstration de Descartes, il faut faire une analyse astucieuse de la figure qu'il donne :

Les angles au centre NOQ, QOT et TOP sont égaux (au tiers de l'angle NOP) ; ils sont donc aussi égaux à l'angle QNR (qui est inscrit dans les deux tiers de l'angle au centre NOP et en vaut donc la moitié).

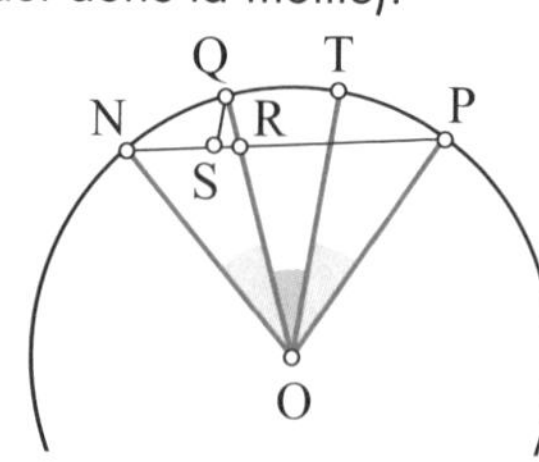

Les triangles NOQ et QNR ont donc mêmes angles, ils sont semblables et leurs côtés sont donc proportionnels. De même pour le triangle RQS.

On a donc NQ/NO = RQ/QN = SR/RQ c'est-à-dire $z/1$ = RQ/z, donc RQ = zz et zz/z = SR/zz d'où SR = zzz. Les longueurs ON, NQ, QR et RS sont donc en progression géométrique de raison z.

Et la relation NP = NS + SP = (NR – RS) + 2NR donne $q = 3z - zzz$.

D'où l'équation donnant la longueur de la corde (z) inscrite dans le tiers d'un angle en fonction de la corde inscrite dans l'angle (q) :

$$zzz = 3z - q.$$

lg 173 à 177 :

Et c'est pour le plaisir d'apprécier encore une fois l'humour cartésien que nous avons repris les dernières phrases de sa *Géométrie*...

Le calcul algébrique

LA

GEOMETRIE.

LIVRE TROISIESME.

De la construction des Problesmes, qui sont Solides, ou plusque Solides.

[…]

p. 371 Ce serait une faute en géométrie que d'employer une ligne du second genre, alors qu'on peut trouver la solution du même problème par les sections coniques qui sont du premier. Et c'est une faute aussi, d'autre côté, de se travailler inutilement à vouloir construire quelque problème par un genre de lignes plus simple que sa nature ne permet.

De la nature des équations

Or, afin que je puisse ici donner quelques règles pour éviter l'une et l'autre de ces deux fautes, il faut que je dise quelque chose en général de la nature des équations, c'est-à-dire des sommes composées de plusieurs termes en partie connus et en partie inconnus dont les uns sont égaux aux autres, ou plutôt qui, considérés tous ensemble, sont égaux à rien : car ce sera souvent le meilleur de les considérer en cette sorte.

p. 372 **Combien il peut y avoir de racines en chaque équation**

Sachez donc qu'en chaque équation, autant que la quantité inconnue a de dimensions, autant peut-il y avoir de diverses racines, c'est-à-dire de valeurs de cette quantité ; car, par exemple, si on suppose x égale à 2, ou bien $x - 2$ égal à rien ; et derechef $x = 3$, ou bien $x - 3 = 0$; en multipliant ces deux équations

$$x - 2 = 0, \text{ et } x - 3 = 0,$$

l'une par l'autre, on aura

$$x^2 - 5x + 6 = 0,$$

ou bien

$$x^2 = 5x - 6,$$

qui est une équation en laquelle la quantité x vaut 2 et tout ensemble vaut 3.

Que si derechef on fait

$$x - 4 = 0,$$

et qu'on multiplie cette somme par

$$x^2 - 5x + 6 = 0,$$

on aura

$$x^3 - 9x^2 + 26x - 24 = 0,$$

qui est une autre équation en laquelle x, ayant trois dimensions, a aussi trois valeurs, qui sont 2, 3 et 4.

Quelles sont les fausses racines

Mais souvent il arrive que quelques-unes de ces racines sont fausses ou moindres que rien ; comme si on suppose que x désigne aussi le défaut d'une quantité qui soit 5, on a $x + 5 = 0$,
qui, étant multiplié par

$$x^3 - 9x^2 + 26x - 24 = 0,$$

fait

$$x^4 - 4x^3 - 19x^2 + 106x - 120 = 0$$

pour une équation en laquelle il y a quatre racines, à savoir trois vraies qui sont 2, 3, 4, et une fausse qui est 5.

P. 3

Comment on peut diminuer le nombre des dimensions d'une équation, lorsqu'on connaît quelqu'une de ses racines

Et on voit évidemment de ceci que la somme d'une équation qui contient plusieurs racines peut toujours être divisée par un binôme composé de la quantité inconnue moins la valeur de l'une des vraies racines, laquelle que ce soit, ou plus la valeur de l'une des fausses ; au moyen de quoi on diminue d'autant ses dimensions.

Comment on peut examiner si quelque quantité donnée est la valeur d'une racine

Et réciproquement que si la somme d'une équation ne peut être divisée par un binôme composé de la quantité inconnue + ou – quelque autre quantité, cela témoigne que cette autre quantité n'est la valeur d'aucune de ses racines. Comme cette dernière

$$x^4 - 4x^3 - 19x^2 + 106x - 120 = 0$$

peut bien être divisée, par $x - 2$, et par $x - 3$, et par $x - 4$, et par $x + 5$; mais non point par x + ou – aucune autre quantité.
Ce qui montre qu'elle ne peut avoir que les quatre racines 2, 3, 4, et, la fausse 5.

Combien il peut y avoir de vraies racines dans chaque équation

On connaît aussi de ceci combien il peut y avoir de vraies racines, et combien de fausses en chaque équation. À savoir il y en peut avoir autant de vraies, que les signes + et – s'y trouvent de fois être changés ; et autant de fausses qu'il s'y trouve de fois deux signes + ou deux signes – qui s'entresuivent. Comme en la dernière, à cause qu'après $+ x^4$ il y a $- 4x^3$, qui est un changement du signe + en –, et après $- 19x^2$ il y a $+ 106x$, et après $+ 106x$ il y a $- 120$ qui font encore deux autres changements, on connaît qu'il y a trois vraies racines ; et une fausse, à cause que les deux signes –, de $4x^3$ et $19x^2$ s'entresuivent.

[…]

. 376 **Comment on peut ôter le second terme d'une équation**

Or par cette façon de changer la valeur des racines sans les connaître, on peut faire deux choses, qui auront ci-après quelque usage : la première est qu'on peut toujours ôter le second terme de l'équation qu'on examine, à savoir en diminuant les vraies racines, de la quantité connue de ce second terme divisée par le nombre des dimensions du premier, si l'un de ces deux termes étant marqué du signe +, l'autre est marqué du signe – ; ou bien en l'augmentant de la même quantité, s'ils ont tous deux le signe +, ou tous deux le signe –. Comme pour ôter le second terme de la dernière équation qui est

$$y^4 + 16y^3 + 71y^2 - 4y - 420 = 0$$

ayant divisé 16 par 4, à cause des 4 dimensions du terme y^4, il vient derechef 4, c'est pourquoi je fais $z - 4 = y$, et j'écris

$$\begin{array}{rrrrrl}
z^4 & -\ 16z^3 & +\ 96z^2 & -\ 256z & +\ 256 & \\
 & +\ 16z^3 & -\ 192z^2 & +\ 768z & -\ 1024 & \\
 & & +\ 71z^2 & -\ 568z & +\ 1136 & \\
 & & & -\ 4z & +\ 16 & \\
 & & & & -\ 420 & \\
\hline
z^4 & & -\ 25z^2 & -\ 60z & -\ 36 & = 0
\end{array}$$

où la vraie racine qui était 2 est 6, à cause qu'elle est augmentée de 4 ; et les fausses qui étaient 5, 6, et 7, ne sont plus que 1, 2 et 3 ; à cause qu'elles sont diminuées chacune de 4.

Tout de même si on veut ôter le second terme de P. 3

$$x^4 - 2ax^3 + (2a^2 - c^2)x^2 - 2a^3x + a^4 = 0,$$

parce que divisant $2a$ par 4 il vient $(1/2)a$ il faut faire $z + (1/2)a = x$ et écrire

$$\begin{array}{llllll}
z^4 & + 2az^3 & + \frac{3}{2}a^2z^2 & + \frac{1}{2}a^3z & + \frac{1}{16}a^4 & \\
 & - 2az^3 & - 3a^2z^2 & - \frac{3}{2}a^3z & - \frac{1}{4}a^4 & \\
 & & + 2a^2z^2 & + 2a^3z & + \frac{1}{2}a^4 & \\
 & & - c^2z^2 & - ac^2z & - \frac{1}{4}a^2c^2 & \\
 & & & - 2a^3z & - a^4 & \\
 & & & & + a^4 & \\
\hline
z^4 & + \left(\frac{1}{2}a^2 - c^2\right)z^2 & - (a^3 + ac^2)z & + \frac{5}{16}a^4 & - \frac{1}{4}a^2c^2 & = 0
\end{array}$$

et si on trouve après la valeur de z, en lui ajoutant $\frac{1}{2}a$ on aura celle de x. [...]

Comment on peut multiplier ou diviser les racines d'une équation P. 3

De plus on peut, sans connaître la valeur des vraies racines d'une équation, les multiplier ou diviser toutes, par telle quantité connue qu'on veut. Ce qui se fait en supposant que la quantité inconnue étant multipliée, ou divisée, par celle qui doit multiplier ou diviser les racines est égale à quelque autre. Puis multipliant, ou divisant la quantité connue du second terme, par cette même qui doit multiplier, ou diviser les racines, et par son carré, celle du troisième, et par son cube, celle du quatrième, et ainsi jusqu'au dernier.

Comment on réduit les nombres rompus d'une équation à des entiers

Ce qui peut servir pour réduire à des nombres entiers et rationaux, les fractions, ou souvent aussi les nombres sourds, qui se trouvent dans les termes des Équations. Comme si on a

$$x^3 - \sqrt{3}\,x^2 + \frac{26}{27}x - \frac{8}{27\sqrt{3}} = 0$$

et qu'on veuille en avoir une autre en sa place, dont tous les termes s'expriment par des nombres rationaux ; il faut supposer $y = \sqrt{3}\,x$, et multiplier par $\sqrt{3}$ la quantité connue du second terme, qui est aussi $\sqrt{3}$, et par son carré qui est 3 celle du troisième qui est $\frac{26}{27}$, et par son cube qui est $3\sqrt{3}$; celle du dernier, qui est $\frac{8}{27\sqrt{3}}$, ce qui fait $y^3 - 3y^2 + \frac{26}{9}y - \frac{8}{9} = 0$.

Puis si on en veut avoir encore une autre en la place de celle-ci, dont les quantités connues ne s'expriment que par des nombres entiers ; il faut supposer $z = 3y$, et multipliant 3 par 3, $\frac{26}{9}$ par 9, et $\frac{8}{9}$ par 27 on trouve

$$z^3 - 9z^2 + 26z - 24 = 0,$$

où les racines étant 2, 3 et 4, on connaît de là que celles de l'autre d'auparavant étaient $\frac{2}{3}$, 1, et $\frac{4}{3}$ et que celles de la première étaient $\frac{2}{9}\sqrt{3}$, $\frac{1}{9}\sqrt{3}$ et $\frac{4}{9}\sqrt{3}$.

[…]

p. 380 Que les racines, tant vraies que fausses, peuvent être réelles ou imaginaires

Au reste tant les vraies racines que les fausses ne sont pas toujours réelles ; mais quelquefois seulement imaginaires c'est-à-dire que l'on peut toujours en imaginer autant que j'ai dit en chaque équation, mais qu'il n'y a quelquefois aucune quantité qui corresponde à celle qu'on imagine.

Comme encore qu'on en puisse imaginer trois en celle-ci,

$$x^3 - 6x^2 + 13x - 10 = 0,$$

il n'y en a toutefois qu'une réelle, qui est 2, et pour les deux autres, quoi qu'on les augmente, ou diminue, ou multiplie en la façon que je viens d'expliquer, on ne saurait les rendre autres qu'imaginaires.

[…]

L'invention de deux moyennes proportionnelles P.

Si on veut donc suivant cette règle trouver deux moyennes proportionnelles entre les lignes a et q ; chacun sait que posant z pour l'une, comme a est à z, ainsi z à $\frac{z^2}{a}$, et $\frac{z^2}{a}$ à $\frac{z^3}{a^2}$

de façon qu'il y a équation entre q et $\frac{z^3}{a^2}$, c'est-à-dire

$$z^3 = a^2q.$$

Et la Parabole FAG étant décrite, avec la partie de son essieu AC, qui est $\frac{1}{2}a$ la moitié du côté droit ; il faut du point C élever la perpendiculaire CE égale à $\frac{1}{2}q$ et du centre E par A, décrivant le cercle AF, on trouve FL et LA, pour les deux moyennes cherchées. […]

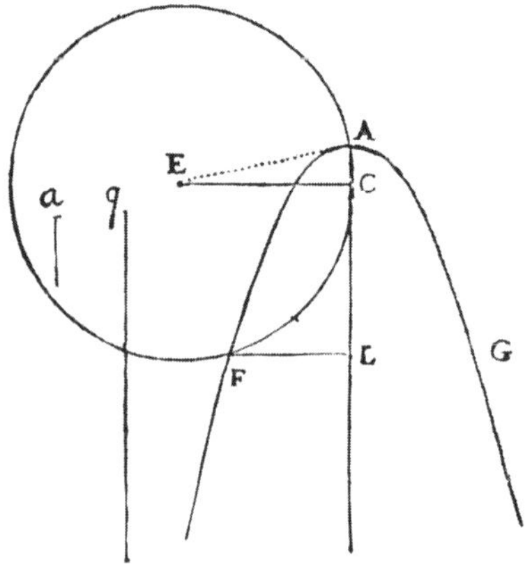

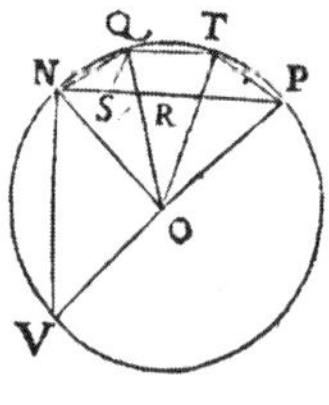

La façon de diviser un angle en trois P.

Tout de même si on veut diviser l'angle NOP, ou bien l'arc, ou portion de cercle NQTP, en trois parties égales ; faisant NO = 1, pour le rayon du cercle et NP = q, pour la subtendue de l'arc donné, et NQ = z pour la subtendue du tiers de cet arc ; l'équation vient $z^3 = 3z - q$, car ayant tiré les lignes NQ, OQ, OT ; et faisant QS parallèle à TO, on voit que comme NO est à NQ, ainsi NQ à QR,

P. 397 et QR à RS ; en sorte que NO étant 1, et NQ étant z, QR est z^2, et RS est z^3 ; et à cause qu'il s'en faut seulement RS ou z^3 que la ligne NP, qui est q, ne soit triple de NQ, qui est z, on a

$$q = 3z - z^3$$

ou bien

$$z^3 = 3z - q.$$

Puis la Parabole FAG étant décrite et CA la moitié de son côté droit principal étant $\frac{1}{2}$, on prend CD = $\frac{3}{2}$ et la perpendiculaire DE = $\frac{1}{2}q$, et que du centre E, par A, on décrive le cercle FAgG, il coupe cette Parabole aux trois points F, *g* et G, sans compter le point A qui en est le sommet. Ce qui montre qu'il y a trois racines en cette Équation, à savoir les deux GK et *gk*, qui sont vraies ; et la troisième qui est fausse, à savoir FL. Et de ces deux vraies c'est *gk* la plus petite qu'il faut prendre pour la ligne NQ qui était cherchée. Car l'autre GK est égale à NV, la subtendue de la troisième partie de l'arc NVP, qui avec l'autre arc NQP achève le cercle. Et la fausse FL est égale à ces deux ensemble QN et NV, ainsi qu'il est aisé à voir par le calcul.

[…]

P. 412 Mais mon dessein n'est pas de faire un gros livre, et je tâche plutôt de comprendre beaucoup en peu de mots […]

Et j'espère que mes lecteurs me sauront gré, non seulement des choses que j'ai ici expliquées, mais aussi de celles que j'ai omises volontairement, afin de leur laisser le plaisir de les inventer.

Extraits des autres « ESSAIS » de la MÉTHODE de Descartes

La Dioptrique – Des images qui se forment sur le fond de l'œil

Nous donnons, page 61, un fort joli texte qui témoigne de ce que Descartes était (aussi) un expérimentateur. À condition de disposer d'un œil d'animal mort depuis peu, chacun peut reproduire chez soi le dispositif expérimental, soigneusement décrit et parfaitement dessiné.

Les Météores – De l'arc-en-ciel

Nous donnons, pages 62 et 63, l'une des premières explications sérieuses du phénomène de l'arc-en-ciel. Le dessin de Descartes montre très clairement comment la lumière du soleil circule à travers chaque goutte d'eau : une réfraction, une (ou deux) réflexion(s) et une réfraction.
Encore une fois, on apprécie la volonté d'expérimenter et la précision des observations (lg 16 à 33, par exemple).
En particulier, Descartes donne une bonne explication de l'existence d'un arc-en-ciel secondaire, dont la présence intrigue toujours le spectateur émerveillé (lg 45 à 49).

La Dioptrique – De la réfraction

Nous donnons, page 64, le passage où Descartes énonce la loi de la réfraction. Cette loi décrit le trajet de la lumière passant, à travers une surface plane, d'un milieu d'indice 1 (comme l'air) à un milieu d'indice n (l'eau par exemple).
Résumée par la formule $\sin i = n \cdot \sin r$, elle a été découverte par un mathématicien-physicien de l'université de Leyde : Willebrord Snell van Royen, dit Snellius (1580-1626).

En France, cette loi, longtemps dénommée loi de Descartes, car c'est lui qui l'a énoncée pour la première fois dans un livre imprimé, est aujourd'hui appelée loi de Snell-Descartes.
Comme on le voit (lg 25 et 26), Descartes l'énonce, à la manière de son époque, par des égalités de proportions :
Il doit y avoir même proportion entre les lignes KM *et* LN, *qu'entre* AH *et* IG…

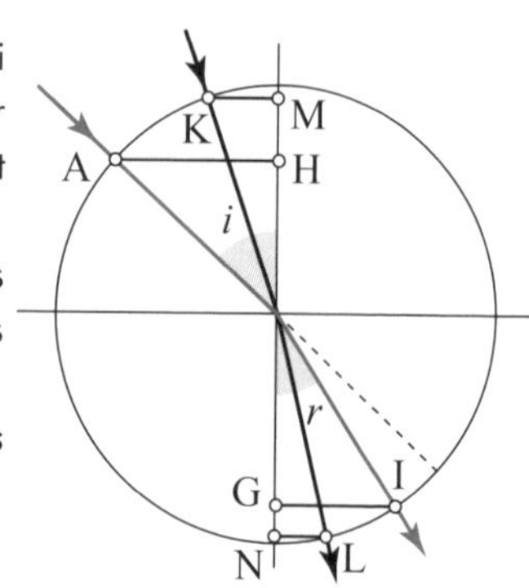

Des images qui se forment sur le fond de l'œil

Mais vous en pourrez être encore plus certain, si, prenant l'œil d'un homme fraîchement mort, ou, au défaut, celui d'un bœuf ou de quelqu'autre gros animal, vous coupez dextrement vers le fond les trois peaux qui l'enveloppent, en sorte qu'une grande partie de l'humeur M, qui y est, demeure découverte, sans qu'il n'y ait rien d'elle pour cela qui se répande ; puis, l'ayant recouverte de quelque corps blanc, qui soit si délié que le jour passe à travers, comme, par exemple, d'un morceau de papier ou de la coquille d'un œuf, RST, que vous mettiez cet œil dans le trou d'une fenêtre fait exprès, comme Z, en sorte qu'il ait le devant, BCD, tourné vers quelque lieu où il y ait divers objets, comme V, X, Y, éclairés par le soleil ; et le derrière, où est le corps blanc RST, vers le dedans de la chambre, P, où vous serez, et en laquelle il ne doit entrer aucune lumière, que celle qui pourra pénétrer au travers de cet œil, dont vous savez que toutes les parties, depuis C jusques à S, sont transparentes. Car, cela fait, si vous regardez sur ce corps blanc RST, vous y verrez, non peut-être sans admiration et plaisir, une peinture, qui représentera fort naïvement en perspective tous les objets qui seront au dehors vers VXY, au moins si vous faites en sorte que cet œil retienne sa figure naturelle, proportionnée à la distance de ces objets : car, pour peu que vous le pressiez plus ou moins que de raison, cette peinture en deviendra moins distincte. Et il est à remarquer qu'on doit le presser un peu davantage, et rendre la figure un peu plus longue, lorsque les objets sont fort proches, que lorsqu'ils sont plus éloignés. Mais il est besoin que j'explique ici plus au long comment se forme cette peinture ; car je pourrai, par même moyen, vous faire entendre plusieurs choses qui appartiennent à la vision. [...]

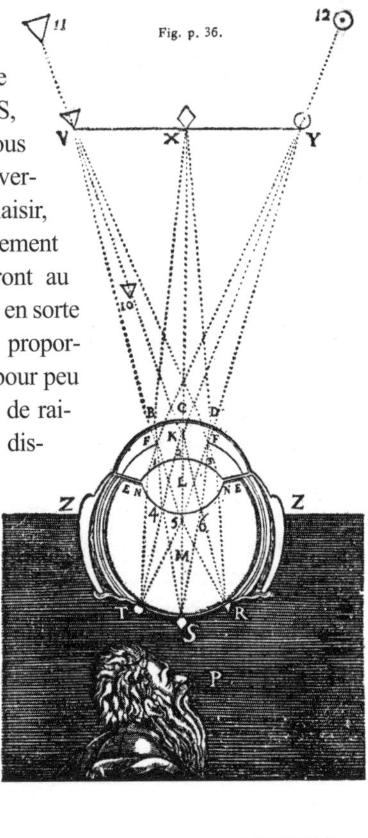

De l'arc-en-ciel

L'arc-en-ciel est une merveille de la nature si remarquable, et sa cause a été de tout temps si curieusement recherchée par les bons esprits, et si peu connue, que je ne saurais choisir de matière plus propre à faire voir comment, par la méthode dont je me sers, on peut venir à des connaissances que ceux dont nous avons les écrits n'ont point eues.

Premièrement, ayant considéré que cet arc ne peut pas seulement paraître dans le ciel, mais aussi en l'air proche de nous, toutes les fois qu'il s'y trouve plusieurs gouttes d'eau éclairées par le soleil, ainsi que l'expérience fait voir en quelques fontaines, il m'a été aisé de juger qu'il ne procède que de la façon que les rayons de la lumière agissent contre ces gouttes, et de là tendent vers nos yeux.

Puis sachant que ces gouttes sont rondes, ainsi qu'il a été prouvé ci-dessus, et voyant que, pour être plus grosses ou plus petites, elles ne font point paraître cet arc d'autre façon, je me suis avisé d'en faire une fort grosse, afin de la pouvoir mieux examiner.

Et ayant rempli d'eau, à cet effet, une grande fiole de verre toute ronde et fort transparente, j'ai trouvé que, le soleil venant, par exemple, de la partie du ciel marquée AFZ, et mon œil étant au point E, lorsque je mettais cette boule en l'endroit BCD, sa partie D me paraissait toute rouge et incomparablement plus éclatante que le reste.

Et que, soit que je l'approchasse, soit que je la reculasse, et que je la misse à droite ou à gauche, ou même la fisse tourner autour de ma tête, pourvu que la ligne DE fît toujours un angle d'environ 42 degrés avec la ligne EM, qu'il faut imaginer tendre du centre de l'œil vers celui du soleil, cette partie D paraissait toujours également rouge.

Mais que, sitôt que je faisais cet angle DEM tant soit peu plus grand, cette rougeur disparaissait ; et que, si je le faisais un peu moindre, elle ne disparaissait pas du tout si rapidement, mais se divisait auparavant comme en deux parties moins brillantes, dans lesquelles on voyait du jaune, du bleu et d'autres couleurs.

Puis, regardant aussi vers l'endroit de cette boule qui est marqué K, j'ai aperçu que, faisant l'angle KEM d'environ 52 degrés, cette partie K paraissait aussi de couleur rouge, mais pas si éclatante que D ; et que le faisant tant soit peu moindre, ou beaucoup plus grand, il n'y en paraissait plus aucune.

D'où j'ai connu manifestement que, tout l'air qui est en M étant rempli de telles